热带

鱼饲养

招妙术

叶 键◎编著

福建科学技术出版社
FUJIAN SCIENCE & TECHNOLOGY PUBLISHING HOUSE

图书在版编目（CIP）数据

热带鱼饲养奇招妙术 / 叶键编著. —福州：福建
科学技术出版社，2019.2
ISBN 978-7-5335-5732-4

Ⅰ.①热… Ⅱ.①叶… Ⅲ.①热带鱼类 – 观赏鱼类 –
鱼类养殖 Ⅳ.①S965.816

中国版本图书馆CIP数据核字（2018）第252222号

书　　名　**热带鱼饲养奇招妙术**
编　　著　叶　键
出版发行　福建科学技术出版社
社　　址　福州市东水路76号（邮编350001）
网　　址　www.fjstp.com
经　　销　福建新华发行（集团）有限责任公司
印　　刷　福州德安彩色印刷有限公司
开　　本　700毫米×1000毫米　1 / 16
印　　张　9
图　　文　144码
版　　次　2019年2月第1版
印　　次　2019年2月第1次印刷
书　　号　ISBN 978-7-5335-5732-4
定　　价　29.50元
书中如有印装质量问题，可直接向本社调换

前　言

　　本书介绍了有关淡水热带鱼饲养的方方面面的小经验小窍门，内容涉及热带鱼的选购、新老缸养鱼的安全、品种的组合、器具的选用、饵料的获取及投喂、水质的调节、水草缸及热带鱼缸的日常管理、鱼的繁殖及仔鱼饲养、鱼病的防治等，涵盖面相当广泛。这些小窍门小经验是作者在长期养鱼实践中总结出来的，具有较强的针对性、实用性。因此，本书可以说是初学者登堂入室的路标，意在引领养鱼新手早日入门，尽快步入较高级的玩赏阶段。本书还可以供中高层次热带鱼玩赏家参考。

　　参加本书编写的还有叶翚、戴向真、陈武。本书有一些彩色插页照片由张斌、张祠祖提供，在此向他们表示衷心的谢意。

叶　键

目 录

慎防"杀手" · 品种组合 ●●●

"硬件"配制 · 器具妙用 ●●●

饵料获取 · 科学投喂 ●●●

水质管理 · 调节有度 ●●●

其他技艺 · 综合措施 ●●●

水草培育 · 管理要诀 ●●●

应急措施 · 器具维修 ●●●

繁殖技巧 · 仔鱼饲养 ●●●

购鱼要诀 · 安全携带

 ## 选鱼"三原则"

到水族商店购买热带鱼时，请记住以下 3 条原则。

原则一，"挑面不挑底"。即选鱼要在刚进货不久大批的同种鱼中挑选，被人挑选后所剩无几的鱼不要下手去挑，可再走一家或等下一次机会到来。

原则二，"观望再定夺"。"挑面不挑底"不是说新鱼一到争先购之，而是要经过 2~3 天（大鱼 3~5 天）观察，确认无急性病、暂未发现其他问题后再下手挑选，此时就不能再犹豫不决了。常听人说"等稳定后再买"，也是这个意思。

原则三，"可等不可急"。即不是迫不得已则宁可等待条件成熟，不乱挑选。对于某一尾鱼满意但还有疑问，如未知其吃食是否正常，则应见其摄食正常后方可认购。

 ## 如何确定鱼的潜在价值

鱼的潜在价值大小主要从以下几方面判断。

（1）有无繁殖价值。判断某些成鱼有无繁殖价值要有丰富的经验。如珍珠马甲鱼雄鱼应该善吐泡沫、腹鳍如穗、下胸腹一片橙红，为所有鱼中最红者；曼龙鱼雄鱼则要色深，善驱逐其他雄鱼；丽鱼科鱼（如麒麟鱼），则最好要已配对或有配对倾向者（如某些鱼占领一隅）。中小鱼除按普通选鱼标准选购外，还应精心喂养，最好用裸缸（或种少量水草的缸）充气方式饲养，这样可以多对水，鱼在新水刺激下生长快，最

皮球珍珠马甲鱼

麒麟鱼

后再从中挑选出性特征强的，这样繁殖就容易。所以，在不急于繁殖某种鱼时，最好选购中小鱼。

（2）有无增值价值。有增值价值的鱼一般多为中小鱼。因为成鱼的大部分观赏特征已固定，即使经一年半载变化也比较小。而中小鱼则变化很大。如在购买中小红龙鱼时，发现鳞片外缘红边特别细、特别清晰，红框内金属光泽特别强，或有与其他鱼色彩不同的，均可以考虑购买。又如在某种短鳍鱼的众多小鱼中，发现一两尾或数尾鳍比一般的长，则这一两尾或这几尾便是购买的对象。

（3）有无特别观赏价值预兆。如在同一胎七彩神仙鱼中小鱼中有的色彩特别鲜艳饱满，或呈现出异样的图案花纹，估计这些鱼长大后观赏价值将会比普通的高出许多，这些鱼就是购买的对象。又如熊猫神仙鱼黑白等色搭配很有个性或有拟色倾向，均可考虑购之。

熊猫神仙鱼的挑选标准

普通熊猫神仙鱼的挑选标准：①黑型的黑占2/3，白的最好要成大块；②白型的白占2/3，黑的要连片，忌云状、沙点状；③黑白边缘都要清楚，界线越分明品位越高，最忌的是"无边过渡"；④黑的地方要墨黑，白的地方要雪白；⑤具拟态与某种图案的可特殊考虑与评价。

一个水族箱能养多少鱼

一个水族箱养鱼数量，要根据缸的大小和设备条件而定。

假设水温为 26~28℃，充气足够并配备功能良好的过滤器或潜水泵加过滤箱，则 500 千克缸水可养长 3.5~5 厘米珍珠马甲鱼 2000 尾，或长 2.5~3.5 厘米神仙鱼 2625 尾，或一般丽鱼科鱼 2500 尾，或长 6~8 厘米大斗鱼 1000 尾，或长 4~5 厘米剑尾鱼 500 尾，或长 5~6 厘米神仙鱼 500 尾，或长 4~5 厘米黑线鱼属鱼（彩虹鱼）500 尾，或长 8~9 厘米七彩神仙鱼 100 尾，或长 10~12 厘米菠萝鱼 50 尾，或长 1.5~2.5 厘米灯类鱼或孔雀鱼 5000 尾。

红苹果彩虹鱼

半身橙彩虹鱼

根据上述所提供的数据，凡缸小到原来的一半，则所养的鱼数量约为原来的 45%。如 250 千克缸水可养长 3.5~5 厘米珍珠马甲鱼 900 尾（为 2000 尾的 45%）。31.25（500÷16）千克缸水可养长 5~6 厘米神仙鱼 20.5 尾（20~21 尾），但养一对常产卵的神仙鱼也很合适。

 ## 热带鱼品种的选择

热带鱼的品种选择，饲养者各有所爱，只能根据自己喜好挑选。如淡水热带鱼，一般认为如果喜欢文静与形态美，可养神仙鱼、七彩神仙鱼等；喜欢热闹、五彩缤纷，可养孔雀鱼、灯类鱼（脂鲤科鱼）等；喜欢活泼、动态美，可养红剑鱼（不能没有雄鱼）、虎皮鱼、彩虹鱼等。喜欢高档、气派，且不想花太多的时间管理鱼，最好养金龙鱼、银龙鱼等。

如果要在旧缸添新鱼，则要考虑鱼的大小和品种间的相容性，应多了解鱼的情况，慎购具侵犯性的凶鱼。

养鱼新手怎么挑选鱼

一些饲养热带鱼的新手，往往挑选那些色彩漂亮的鱼，如宝莲灯鱼、景秀塘鳢鱼等，这些鱼虽然一般并非"短命"，但对水质软硬和酸碱度有特殊要求，并且难繁殖，不利于新手建立养好鱼的信心。

新手该怎么挑选鱼？

对此，可请教老养鱼者，他们会教你循序渐进地购买热带鱼品种，这样你就不会因"一步登天"而又从"云端滑落"，导致失去信心。也可请教热情的鱼店老板或卖鱼者，让他们教你挑选一些既漂亮又好养的热带鱼。最好多请教几家鱼店，以免受骗上当而购入鱼店滞销鱼。当然，如在选购前先做足功课，先看有关热带鱼饲养的书，那就更好了。书中不但会教你如何挑选品种，还会教你如何挑选上好的鱼等。

新手应先养低价鱼

一般低价鱼较好养（易繁殖的鱼往往量多而价低），高价鱼往往难养些。如小孔雀鱼、小剑尾鱼类单价一般为1~5元，而差不多大小的卵生鳉鱼（如蓝彩鳉鱼、三叉琴尾鳉鱼、漂亮宝贝鳉鱼）单价几十元；红绿灯鱼的价格只是宝莲灯鱼的几分之一。由此可见，卵生鳉鱼、宝莲灯鱼较难养，暂时不要选购。

切勿购买"高科技鱼"

现在，鱼商店出售的鱼可以说基本上都不是从原产地捉捕来的，并且大部分也不是只用普通或传统方法繁殖出来的。原因很简单，不少专业户用的饵料有问题，饵料中添加了激素等，用了该饵料鱼往往长得快。不少红色调的鱼未足龄而大红大紫那一定是用了红色素；如果用的是虾青素（即虾红素），倒不是什么坏东西，问题是虾青素很贵，一般专业户不会用，而用其他药物。用了药物的鱼，如未足龄的七彩神仙鱼，颜色或许相当可观，但购后1~3个月常"一命呜呼"。我们经常可见到一些颜色特别鲜亮的鱼，如金黄色珍珠马甲鱼雄鱼，购回后不但不能繁殖，而且"短命"。据说是喂了避孕药。过去，皮球鱼只有皮球接吻鱼（能正常繁殖）一个品种，而现在皮球鱼有20多个品种。

对于上述那些做了手脚的鱼，我们统称其为"高科技鱼"。这类鱼总有一些方面不正常。我们自然不想上当。怎么办？一是交了学费要吸取教训；二是多向老鱼友请教；三是购物时要多一个心眼，多问、多听、多看、多思考；四是尽量购买小鱼、幼鱼，幼小鱼往往未做手脚；五是不买特别漂亮的不正常鱼。

市场上，真正有科技含量的转基因新体色鱼也有，如红斑马鱼、钻石新灯鱼、红白剑鱼（红白剑鱼也有可能系遗传变异而来）、玻璃红心灯鱼等，但其中似乎只有红斑马鱼繁殖得较正常。

 ## 上层鱼的挑选

挑选上层鱼，除了要按普通热带鱼的挑选标准挑选外，还要注意以下几点：

（1）当一个缸中的同种鱼绝大多数处于上层时，那些常处在缸底部或鱼群下部的鱼绝非好鱼，定不能入选。

（2）除了少数上层鱼（如玻璃猫头鱼）外，一般要求上层鱼身体保持水平（鳔功能完好），并且要求不挨靠在水草上。

（3）上层鱼一般受惊后会很快又回到水面附近，并且较其他种渔具有更好的镇定性，一般不会惊恐逃窜。否则，绝非好鱼。

淡水热带鱼的上层鱼，不很多，较著名的有金丝鱼、斑马鱼（数种）、剪刀鱼、胸斧鱼（数种）、铅笔鱼（多种）、刚果扯旗鱼、斗鱼、丽丽鱼、射水鱼、金鼓鱼、四眼鱼、竹签鱼、孔雀鱼、条纹琴龙鱼、

金丝鱼

黄金鳉鱼（上）、条纹琴龙鱼（中、下）

黄金鳉鱼、彩虹鱼（多种）、斧头鲨鱼、玻璃猫头鱼、反游猫鱼、龙鱼（多种）等。

 ## 中层鱼的挑选

挑选中层鱼，除了按普通热带鱼的挑选标准挑选外，还要注意以下几点：

（1）当一个鱼缸中的同种鱼绝大多数处于中层或下层时，那些常处在水表面附近的鱼绝非正常鱼，定不能入选。

（2）中层鱼中可区分出两种较典型的活动特点：一种是常停于一处不动（说明鳔功能正常），如神仙鱼、七彩神仙鱼；另一种是在水中游泳迅速、健美，有的还有集群习惯。不具此活动特点者绝非好鱼（如醉汉状鱼）。

（3）除了少数中层鱼头向下（如网球鱼、黑线铅笔鱼）外，一般要求身体保持平衡，向前向后、下潜上浮非常自如潇洒。否则，不可挑。

中层鱼较多，但有一点要注意，不能认为中层鱼一定要待在鱼缸的中水层，实际上在自然界中中层可以是水面下 1~3 米，因此只要多半时间不停留在水表附近就可能是正常的中层鱼。

在水的中层易见到的较著名的鱼有虎皮鱼、三角鱼、双线鲫鱼、银鲨鱼、一般灯类鱼（脂鲤鱼）、一般丽鱼科鱼（包括神仙鱼、七彩神仙鱼、非洲大湖口孵鱼类）、黑玛丽鱼、剑尾鱼、月光鱼、琴尾鱼（数种）、接吻鱼等。

 ## 下层鱼的挑选

挑选下层鱼，除了按普通热带鱼的挑选标准挑选外，还要注意以下几点：

（1）当一个鱼缸中的同种鱼绝大多数处于底层时，那些常处在水表面附近或不接近缸底部的鱼绝非正常鱼，定不能入选。

（2）底层鱼有两个显著的特点：一是若溶氧不缺，可长时间待在容器底部；溶氧缺少时常上升到某水层（不一定到水面），或者到水面吸口气再下潜到底部；二是下层鱼觅食多在容器底部（这习性可训练）。不具上述特点者绝非好鱼。

（3）底层鱼除了觅食、迁移，或产卵、求偶等繁殖活动外，一般显得较中上层鱼安静。若底层鱼非因以上原因而显得"焦躁不安"，则可能不正常，不可挑。

底层鱼比中或上层鱼多，在不深的鱼缸中，中层鱼往往也在缸底附近活动。常见的下层淡水鱼有南美洲鲇鱼（多数种，如琵琶鱼、胡椒鼠鱼、咖啡鼠鱼等）、三间鼠鱼、青苔鼠鱼、蛇仔鱼（鳅科鱼）、魔鬼鱼、紫红火口鱼、红肚凤凰鱼、七彩凤凰鱼、非洲大湖口孵鱼（多种丽鱼）。

 ## 热带鱼哪些缺陷可原谅

观赏用鱼与繁殖用鱼（也称预备种鱼）标准不尽相同。

对于观赏用鱼，要求现在，至少是过一段时间，所挑选的鱼应该是没有或几乎没有观赏缺陷。繁殖用鱼则只要求能繁殖。举一些例子来说明其复杂性。

（1）该红的鱼不红。如珍珠马甲鱼小鱼因饲养的水温太高或太低而颜色偏淡，鸽子、万宝系七彩神仙鱼中小鱼因水质营养等问题颜色偏淡，红剑鱼和朱砂剑鱼中小鱼颜色偏淡偏橙等，这些均属红色未现，为可原谅

黄金鸽子七彩神仙鱼

的缺点，估计经一段时间精心饲养，能显现完美的色（红色）与态。但如果是个子很大的珍珠马甲鱼颜色不红（退雄），或大红剑鱼颜色红得发紫、甚至下唇长而垂（老鱼），或大个万宝七彩神仙鱼（3 年左右或 3 年以上大鱼）颜色偏金黄，均属不可原谅的缺点，估计经过调养仍然走下坡路，无任何潜在价值。

（2）背鳍、尾鳍等有缺陷。如七彩神仙鱼背鳍或臀鳍不展开（先天如此），属不可原谅的缺点。因为如作为观赏鱼，见了就不顺眼；而作为种鱼，据一例观察，子代有 20% 为鳍缺陷。如果七彩神仙鱼尾鳍狭小，作为观赏用鱼是不可原谅的缺点；但作为繁殖用鱼，据一例观察，子代似乎没有什么不正常的尾鳍，因此在缺种鱼时，尾鳍狭小暂可原谅。又如孔雀鱼雄鱼尾鳍张开的角度小于 60°，作为观赏用鱼，没有什么不顺眼之处，属可原谅的缺点；但如果用作繁殖，孔雀鱼雄鱼一定要有大于 60° 的尾鳍，甚至孔雀鱼雌鱼也几乎都要达到此标准；否则，后代尾鳍将越来越窄小，观赏价值一落千丈。再如红剑鱼雄鱼的下剑偏短，对于观赏而言属可原谅的缺点，而对于繁殖而言则属不可原谅的缺点；红剑鱼雄鱼即使下剑足够长但个子偏小，也往往不作为种鱼。

（3）鳞片、脊椎等有缺陷。普通热带鱼鳞片丢几片问题并不大，2~3 个月后可长出新鳞。大鳞鱼丢了鳞片的确有碍观赏，如龙鱼丢了 3~5 片鳞片也可成为讨价还价的筹码。但对于一般的鱼，丢鳞只是暂时的，对观赏、繁殖基本上都无影响（一大片鳞全丢尽，可能引发烂肌肤及患水霉病、打

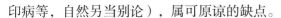

印病等，自然另当别论），属可原谅的缺点。

脊椎缺陷可分为先天与后天两种。先天脊椎缺陷，如重叠数节（鱼身较短），向下向上弯等，只要观赏者不介意，或觉得有奇趣，留着观赏亦无妨；但作为种鱼就是不可原谅的缺点，不仅因为不能排除无遗传性（实际上往往有一定比例的遗传，且性状参差不齐），更因为有缺陷的鱼（不管雌雄），繁殖力均明显下降。对于后天因机械或疾病（如淡水卵鞭虫病）原因，脊椎弯曲（多见呈正反"S"形）或眼球发白、偏小等，一般均不作为观赏鱼，属不可原谅的缺陷；但这些鱼如果能繁殖（神仙鱼等有部分可病后繁殖），一般后天症状并无遗传性，也即后代均属正常鱼，因此属可原谅缺陷。一大群鱼得传染病到最后仅有1~2尾或数尾活命留下，则这百分之几、千分之几的幸运儿是养殖家的宠中之宠，不管有无致残，其后代定不会比普通未患过病的鱼之后代更多病，其中可能有某种获得性抗病遗传变异。

 ## 怎样鉴别雌雄鱼

百分之九十几的热带鱼种都是雄鱼漂亮。可以这么说，如果作为纯粹观赏之用，则只养雄鱼是很过瘾的事，如养了一大缸各种中高档孔雀鱼雄鱼，红橙黄绿蓝紫黑白什么颜色找不到？不过孔雀鱼的寿命有限，温度高些（28℃）仅1年左右、温度低些（24℃）约2年即"寿终正寝"。因此，不买些雌鱼看来也是一个错误，尤其是孔雀鱼等卵胎生鳉鱼很容易繁殖。总之，养鱼者要根据观赏与繁殖的需求，权衡雌雄鱼之比例而后选鱼。

一般大鱼与亚成鱼的雌雄比较容易鉴别（小鱼与大多数中鱼不容易鉴别雌雄）。雄鱼多半个大鳍长（如叉尾斗鱼、斗鱼等），尤其是尾鳍，身材窈窕匀称，而雌鱼多半个小鳍短，腹部饱满或鼓出一些；雄鱼成熟时多半颜色鲜艳夺目，有的头额部隆起（如丽鱼科鱼），而雌鱼颜色相对较素淡，头部多不变样；有的雄鱼显得异常活泼，甚至善跳"婚前舞蹈"（如胎鳉科鱼），而雌鱼相对平静，少数种有婚前特定泳姿（如丽鱼科鱼、卵生鳉科鱼）；雄鱼间婚前争斗激烈（如虎皮鱼、红绿灯鱼等），而雌鱼少数种有争斗（如丽鱼科鱼、虎皮鱼、斗鱼、叉尾斗鱼等）。据此可以判别雌雄鱼。

一些鱼种雌雄特征明显：

孔雀鱼，雌大雄小，似若两种鱼。雄鱼的尾鳍大而长（近于体长），五颜六色；而雌鱼（如青鳉鱼），现只有部分品种颜色花哨。

剑尾鱼，雌鱼略大，但雄鱼尾鳍下页尖长，几近体长之半，因而易于鉴别。

脂鲤科小型鱼（如头尾灯鱼、黑灯鱼、红光管鱼、玻璃扯旗鱼等），雌大雄小，雄鱼体重仅是雌鱼的 1/3~1/2。但体色却相差不大。

但红肚凤凰鱼却是个例外，雌鱼发情期两侧腹部各有一圆形洋红斑，非常夺目，而雄鱼虽也带红色，但相对差些，且红圆斑不明显。

胎鳉科鱼（如黑玛丽鱼、燕尾黑玛丽鱼、月光鱼类等），也是雌大雄小，有的也可相差 1~2 倍，但体色几乎一样（如黑玛丽鱼），有的仅雄鱼很漂亮（如月光鱼、珍珠玛丽鱼）。

七彩神仙鱼类，是所有热带鱼中最难鉴别雌雄的种类，一般仅知雄鱼个头大一些（同胎鱼为准），背鳍大些（有的背鳍后缘出尖）；雌鱼的颜色偏红，尤其是万宝、红鸽类的雌鱼显得更红些，大鱼红眼圈颜色也退得慢些。雄鱼体较厚，尾鳍拍打有力（打斗时）。虽有此共识，但除背鳍尖特征可确认为雄鱼外，其他特征不能一概而论。出处不同的同种鱼混杂，雌雄更难鉴别。

红富士（万宝）七彩神仙鱼

总之，选鱼时可根据自己的爱好来选择不同颜色的雌雄鱼。有时你不清楚一条鱼长大成鱼后的色彩，可请教有经验者，这样心里就有数了。

 ## 观赏鱼运输及移鱼时注意事项

观赏鱼运输过程中，经常发生的是塑料袋因质量差或运输中震动过烈而漏氧扁瘪，鱼缺氧而死。避免出现这种情况的最好办法是用质量好的聚乙烯袋，或者用尼龙袋。不过，有许多种鱼鳍棘如针，一戳袋就破，怎么办？换成橡皮袋是一个办法，只是成本比较高，但对于运输贵重鱼来说还是可以考虑的。

移鱼也常发生事故，除水质（硬度、酸碱性）原因外，主要原因是水温相差太大。一般地说，相差3~5℃就有危险。有人不相信温差会导致危险，可做个试验：把多只神仙鱼（长3~12厘米）置于温水中，慢慢降温到15℃，然后往水中加热水，让水温在1~2分钟内升高到23~25℃，并且不充气。你立即可以观察到鱼鳍充满小气泡，接着有许多鱼有不正常的反应（挣扎、不吃食、呆滞浮着）；到次日，有的鳍烂掉、鱼身浮肿充血，有的已死去，这就是因为患了气泡病。所以把低水温缸中的鱼或打包的低水温鱼一下子投入高水温缸中，危险极大。相反，把高水温缸中的鱼或打包的高水温鱼一下子投入低水温缸中，有的鱼立即"跳"了起来（与人一样很不适应这种变化），虽不一定会得气泡病等，但因血管强烈收缩等原因，可造成"内伤"，使鱼很快死去或对疾病抵抗力显著下降。

远距离运鱼容器有讲究

远距离运鱼是指外出旅游等随身携带的少量热带鱼，有别于托运与空运箱装的大批量货鱼。

运鱼主要的运输工具是火车和汽车。这两者对运鱼的影响有所不同。

火车的影响主要是平移，忽快忽慢忽左忽右，基本上加速度是来自平面（平行于轨道面）方向，并且一般并不剧烈。所以在火车上置一个与平面垂直的旋转体容器，鱼在容器中受到的震荡颠簸最少，如圆柱形大搪瓷牙杯、腰鼓形容器、冷水瓶乃至有一定深度的碗杯之类，以及直立放置的圆柱形塑料袋、尼龙袋，这些容器装鱼都很好。脸盆虽然也是旋转体，但因中轴太短，水面较之更宽，因不能充氧，故效果稍差些，不过还是比方形的容器好得多。当然，这里考虑的只是交通工具对鱼的机械冲击（并未考虑到其他问题）。

汽车的影响，除了高速公路上行驶的汽车近似于火车外，在普通公路上行驶情况要复杂得多，一会儿往左倾，一会儿往右倾，有时车会"跳"起来（遇到石块等），偶尔还要忍受急刹车的加速度。普通的容器，包括上述用于火车上的旋转体容器，在汽车上均无优越之处，鱼在其中均要遭受强烈的震动，唯独有一种容器甚佳，这就是球形金鱼缸。当然，如果这球形很标准，自然效果好。如果是扁球形的缸，效果就较差。笔者常用塑料袋等打包，然后搁在半球状的竹编篮子里运鱼，效果不错。

旅途购得或捕捉到的鱼等水生动物的携带

建议你随身带齐三小件：一是小捞网，二是塑料袋或尼龙袋，三是性能可靠的直流充气泵及配套电池。

若热带鱼商店采用充氧包装，那就更好了，定能将小活物安全带至目的地！

新缸养鱼 · 老缸添鱼

 新缸养鱼过渡时间的缩短

一般认为,新缸养鱼所养鱼量要逐渐增加,所投饵量也要逐渐增加,还常听人说新缸养鱼要添加硝化细菌。其中的用意即是在1个月左右,缸中未繁衍出足量有益微生物之前,要谨慎行事。但也不尽然。在某些情况下可以缩短或基本上省略这段过渡时间。

(1)虽是新缸,养的也是新购之鱼,但如果用上旧缸(正在养鱼的缸)的过滤器或过滤箱等,情况就大大不同了。一般过滤器平时只漂洗最上一层滤棉或泡沫,以下数层及填充的生化增面物均保留有活性的微生物,故在极短的时间内,若投饵正常,只需3~5天,有益微生物便可充满内缸壁。这就是说从第二或第三天开始就可以正常养鱼(包括鱼数量和投喂量)。至于过滤箱,尤其是用潜水泵带动的缸下式或密封式过滤箱,性能远胜于过滤器,可以在1天之后就转入正轨。

(2)容器越大,养的鱼越少,过渡时间就可以越短。尤其是淡水鱼缸,可以多对水,水质实在不行便抽去大部分水,再慢慢(分数次)加去氯水到原水位,绝不会出现什么事故。但初始阶段都应该有一定数量的有益微生物带入缸中("引种")。

(3)要缩短过渡时间还可以到天然水域去引有益微生物之"种",但到何处去引却很讲究。淡水"引种"水域应该有较多的无病的淡水鱼;水以清澈为上,浅绿色次之;水域能见到少量绿藻类和挺水植物;昆虫螺类尽可能少,以手工可剔除尽为准。因此,水库为首选对象,池塘(尤其是鱼苗池和有清塘的池)次之。"引种"时最好取无藻类的石头、卵石或其他硬质物,其次才是无寄生藻的水草(藻)等,再次才是水。水要经过滤纸或细沙过滤后使用。"引种"前后一般都不用抗生素类药,因为硝化细菌等微生物对抗生素等具有不同程度的敏感性。

 维持鱼缸第一阶段平衡

第一阶段平衡是指一个新启用的鱼缸（不管是淡水鱼缸或海水鱼缸，还是半咸淡水鱼缸），硝化功能逐渐完善（硝化细菌量增多），所养的鱼量（大小和尾数）已达到希望值（不准备往缸中添加新鱼），在温度和投喂量等正常的情况下，鱼活动正常。达到第一阶段平衡的特点是缸中氨和亚硝酸盐含量均很低（都远小于 0.1 毫克 / 升），水质良好，基本上没有久不消失的水泡。但缸中的硝酸盐含量却在逐渐增加，这是从鱼的排泄物主要成分氨类及其第一转变物亚硝酸盐经细菌作用转变来的。

一个已达到第一阶段平衡的鱼缸，由于硝酸盐含量的增加，逐渐变得不适宜热带鱼生活，这时部分对硝酸盐敏感的鱼开始拒食，但不敏感的鱼仍能正常生活；缸中硝酸盐含量继续增加，对硝酸盐敏感的鱼可能猝死，死时或许体外没有任何异常。该情况多发生在过滤很好但对水少或久不对水的淡水鱼缸中。这时，我们就说第一阶段平衡已被破坏。此时如果不采取措施调低鱼缸硝酸盐含量，则有可能导致只剩余少数几种对硝酸盐最不敏感的鱼，甚至全缸鱼都死去。怎么办？补救方法有3 种：一是对去至少 1/2 的缸水。二是及时植入叶大、生长速度快的水生植物，并且大幅度减少投喂量，甚至停喂 1 周以上。三是投入适量商品光合细菌，主要是红螺菌科的光合细菌，投入后增加光照，有利于光合细菌工作；也可投入其他微生态制剂。这是恢复第一阶段平衡的一般措施。

第一阶段平衡被打破后的处理

引种水草（藻），或让鱼缸水变绿（要调节光线），极可能一年不换水（仅加水）一尾鱼也不会死。

裸缸添新鱼避免出事故

裸缸一般指的是缸中不栽种水草（藻），其循环系统的循环水也不栽种水草，并且无其他植物根伸入。裸缸添新鱼有如下危险。

（1）在高密度饲养丽鱼科鱼，尤其是普通神仙鱼的鱼缸中，添加普通低密度饲养的丽鱼科鱼，如神仙鱼、菠萝鱼、地图鱼等，其中绝大部分是不能成活的，并且多在1~2小时之内死去。原因可能有两个：一是发黄的水酸化，pH在5左右，中性、碱性水饲养的鱼不能适应突然变化；二是发黄的水亚硝酸盐与硝酸盐含量极高，其他缸的鱼无法适应，导致短期内（半天左右）死去。新购入的鱼亦同样一命呜呼。总之，裸缸添新鱼，若把饲养密度低的鱼移到密度较高的缸中，存在极大危险。

彩菠萝鱼

棕地图鱼

（2）添加对水质水温敏感的鱼以及幼小鱼，也千万不可掉以轻心。虎皮鱼、珍珠马甲鱼、宝莲灯鱼、黑玛丽鱼、非洲大湖口孵鱼等，尤其是这些鱼的幼鱼和小鱼，随意添入裸缸中（即使该裸缸鱼密度并不大，水也清澈干净），会造成危险，有时甚至添入的所有鱼会全死去。中小虎皮鱼遇低温水（不是很低，不低于15℃）将会晕厥，不过如果水温慢慢升高，大部分鱼还可能恢复正常，但时间也许要1天左右。

（3）裸缸中基本上无隐蔽物，一些无侵犯性温和的鱼、一些习惯于躲藏但又无隐蔽物可藏的鱼，将会被小于其自身的鱼攻击，或者因不习惯而游动不协调，也会遭受其他鱼的攻击。时间久了，因时刻处于应激反应状态中而不摄食，最后瘦弱死亡，颇似鱼瘦病。

（4）即使是很一般的鱼，既温和，对水质的适应性又很强，大小也差不多，新鱼添入缸，尤其是裸缸，仍有很大的可能将被原缸鱼赶着"跑"，这叫欺生。成熟的大鱼会因"同性相斥"，或"地域性"的原因而生活不正常，或吃不到食物，最后得病死去。

（5）往较大较温和的鱼的缸中添加较小较凶的鱼，或在较小较凶的鱼的缸中添加较大较温和的鱼，都同样有较小较凶的鱼欺负较大较温和的鱼的可能。

以上种种危险是可以避免的。对于（1）、（2），要防止缸水质变化太大，可用一个暂养缸把暂养缸的水逐渐对变为裸缸中之水，才可把暂养缸的鱼移入裸缸。对于（3）、（4），可暂时投放些隐蔽物或水草，待一段时间后取走。对于（5），则应尽量避免移鱼。

水草缸该添哪些鱼

水草缸添新鱼时要选择合适的种类，具体来说，要注意如下几个问题。

（1）不可往缸中添加对水草有严重影响的热带鱼品种。火鹤鱼（红魔鬼鱼）、菠萝鱼、珍珠虹鱼、三间鼠鱼、红翅鲨鱼，以及其他非小型鳅科鱼类（如壮体沙鳅鱼、花泥鳅鱼）、绝大多数鲇科鱼类（如琵琶鱼、皇冠红琵琶鱼等），这些鱼在普通情况下或饥饿时会啃咬吞食水草，更重要的是它们有在底沙中觅食的习惯，常把水草掀到水面。

（2）不可往缸中添加体型较大的鱼（如鹦鹉鱼）和植食性鱼类。琵琶鱼、黑带铅笔鱼、银板鱼、皇冠九间鱼、双线鲫鱼、飞凤鱼等，它们均为植食性和兼植食性鱼，对水草有直接的破坏和毁灭作用。

（3）水草缸一般都只养中小型热带鱼，最好不养大型鱼的中小鱼。大型水草缸可养大的彩虹鱼和少量

红白鹦鹉鱼

七彩神仙鱼。

（4）可考虑添加一些半咸淡水鱼的中小鱼，前提是它们对水草无大影响。许多半咸淡水鱼(如橘子鱼、竹签鱼等）在水草缸中比在裸缸中更容易繁殖，可不加盐。

（5）脂鲤科鱼、小型丽鱼科鱼等提倡养在水草缸中。这些鱼对水草无影响，并且在水草缸中繁殖容易。这与水草缸水清、杂质少，尤

短吻皇冠九间鱼

其是亚硝酸含量很低有关。彩虹鱼类（银汉鱼科鱼）还同水草缸水面附近有较密水草有关，因为这对成熟的彩虹鱼有很强烈的环境刺激作用。这样看来，如果要想在水草缸中观赏到各种中小热带鱼的繁殖行为，应该多添养几尾同种中小鱼，如养10尾脂鲤科鱼、6~8尾丽鱼科鱼（可以短鲷为主）或4~6对彩虹鱼等。待成熟分出雌雄时，视缸之大小，再留下1~2对丽鱼科鱼、2~5对各种彩虹鱼。脂鲤科鱼因无地域性，可多留些，不一定淘汰多余的雌鱼或雄鱼。

水草缸常见鱼类

水草缸中常见到如下几类鱼。

（1）彩虹鱼：电光彩虹鱼、澳洲彩虹鱼、霓虹燕子鱼等。

（2）鲤科鱼：斑马鱼、三角灯鱼、红玫瑰鱼、黄金条鱼等。

（3）灯类鱼：红绿灯鱼、红鼻鱼、宝莲灯鱼、红肚铅笔鱼等。

（4）攀鲈科鱼：丽丽鱼、栉盖鲈鱼、泰国斗鱼、珍珠马甲鱼等。

（5）小型丽鱼、红肚凤凰鱼、七彩凤凰鱼、阿卡西短鲷鱼等。

月色栉盖鲈鱼

（6）卵鳉鱼：条纹琴龙鱼、琴尾鱼、漂亮宝贝鱼等。

（7）卵胎生鳉鱼：孔雀鱼类、剑尾鱼类、玛丽鱼类。

（8）鲇形目小型鱼：红翅珍珠鼠鱼、熊猫鼠鱼、小精灵鱼等。

红翅珍珠鼠鱼

鱼缸添较小鱼"四忌"

　　较小鱼可理解为幼小鱼，以及小型鱼类，如蓝眼灯鱼、孔雀鱼雄鱼、小红豆鱼（红气球月光鱼）、红绿灯鱼或其他中小脂鲤科鱼等。这些小鱼如果直接移入有中等大小鱼的缸中，则很有可能被当成一餐好点心。大神仙鱼等对小鱼苗是很感兴趣的，半米以外就能感知并冲过来；蓝宝石鱼等多种丽鱼尽管不是典型肉食性鱼，但对于适口性的活物还是有兴趣的，虫和鱼并无差别。不过对于从小与脂鲤科等小鱼养在一起的神仙鱼，如果不是食物比较缺乏，绝不会吞食熟悉的小鱼。这就是说，在缸中添较小鱼是有条件的（不能只问某种鱼吃不吃鱼）。具体来说，有如下"四忌"。

　　（1）相差较多者忌。缸中有比新添小鱼大许多的鱼，不能贸然移入小鱼。

　　（2）未接触过者忌。缸中较大的鱼从未接触过，或许久未接触过要新添入缸的较小鱼，也不能贸然移入小鱼。

　　（3）有凶悍鱼者忌。缸中有非洲凤凰鱼、蓝宝石鱼、红宝石鱼、叉尾斗鱼、曼龙鱼雄鱼（繁殖期）、花罗汉鱼等，贸然移入小鱼有可能立即被吃，也有可能被凶悍的鱼咬死（被蚕食）。

（4）未作准备者忌。为了使移入的较小鱼不会被当成饵，不会被有恶习的鱼欺负，最好把准备添入缸的小鱼先移到"介绍缸"中。"介绍缸"沉入大缸一隅，水齐于大缸，让大缸中的鱼熟悉"介绍缸"中的鱼，一段时间（两周左右）后移入大缸，效果好得多。暂养缸高者叫作"介绍缸"。

 ## 鱼缸添较大鱼须知

在缸中添较大鱼，要区分两种不同情况：一种是缸中多为较大鱼或差不多大小的鱼，另一种是缸中多为较小鱼。

缸中有较大鱼或差不多大小的鱼，对于新移入的较大鱼固然不会想去吞食之，但极有可能受到原来鱼的追咬与"虐待"。例如皇冠三间鱼中鱼或小鱼（长5厘米左右），对于比自己稍大一点的同类，就有欺生现象（过一段时间才可能会受到还击），对于其他鱼也不客气。被追咬的鱼（也包括原缸中鱼），如果长期得不到足够的食物，将越发瘦弱，最终死去。所以在这种情况下最好用薄玻璃片或铝网（也可利用盖网）等把原缸一分为二，待一段时间（两周左右）再把分隔物提起，效果较好。

若缸中多为较小鱼，则虽然可以把新添的鱼立即移入缸内，但过些时间（0.5~3天），有可能新添入的较大鱼会伤害原缸较小鱼，添入的鱼"反客为主"。对此，可按前面"鱼缸添较小鱼'四忌'"中介绍的方法处理，即要隔离或用"介绍缸"等。实在不能适应，只好捞移部分原缸较小鱼，以免被伤害致残致死。

慎防 " 杀手 " · 品种组合

 哪些凶猛热带鱼要慎防

凶猛的鱼可以分为三类：第一类是所谓"职业杀手"，即纯捕食性鱼类；第二类倒不一定非吃鱼不可，但地域性强或其他原因，常追咬其他鱼或同类鱼，致使其他鱼不能正常觅食与活动，以致衰弱或病死。第三类兼有前两者的特点。

第三类鱼它们一般不会去"吵"其他鱼，捕小鱼是为了填饱肚子；攻击同类系"地域观念"，攻击其他大鱼的目的是准备繁殖或正在护卵护小鱼。这些鱼在淡水热带鱼中有的非常有名气，如龙鱼（红龙鱼、金龙鱼、

紫底红龙鱼

银龙鱼

银龙鱼等）、地图鱼、花老虎鱼、红老虎鱼、皇冠三间鱼等大中型丽鱼科鱼，以及虎纹鸭嘴鱼、红尾鲇鱼等鲇科鱼。这些鱼在饥饿时可能攻击与自身差不多大或更大的其他鱼，如攻击斧头鲨鱼、较凶的不很大尖吻鳄鱼等。所以这些鱼不能与比较大又相对较温和的鱼同缸，更不能与比它们小较多的鱼同缸，以免鲸吞他鱼。有人把挺可爱的小黑魔鬼鱼与小型鱼养在一缸，开始很长一段时间相安无事，但随着黑魔鬼鱼的成长，在短短的时间里，小型鱼数量急剧减少，原来被长得很快的黑魔鬼鱼当"点心"了。丽鱼科鱼也常吃小鱼苗。

第二类鱼，它们的"恶习"是天生的，例如盲鱼日夜觅食，碰碰咬咬，吵得同缸其他鱼不得安宁，只好与夜行性鱼同缸。又如叉尾斗鱼总是啄食其他鱼的眼睛，追咬欺负其他鱼，包括比自己还大许多的温和鱼类，只好将它与较小的丽鱼同养。虎皮鱼见到须状物总是用嘴咬并狠命拽，所以神仙鱼见到虎皮鱼便有不安感，常逃窜躲闪（只有个别神仙鱼敢于还击或追咬虎皮鱼），因而常把这两种鱼分开养。如双线鲫鱼貌似老实，看起来像半植食性温和的鱼，其实双线鲫鱼游速很快，并会吞食其他小鱼苗。

 ## 温和热带鱼并不完全温和

有人以为杂食的鱼都温和，这是误解，只能说温和的鱼多半为杂食性；

但即使再温和的鱼，如七彩神仙鱼，同种间也经常争斗，从幼鱼开始就有"称王"和霸占饵料（如水蚯蚓）的倾向，这是天性；成鱼配对产卵期间更是非决个高低不可。不过，温和的鱼对异种鱼倒是比较客气，一般不会主动长时间地去追咬异种鱼。

以这个标准来衡量斗鱼，似乎斗鱼还有温和的一面，为护卵和"领地"才主动出击；七彩神仙鱼亦然，雌雄鱼分别斗个你死我活，此乃种内争斗，除此之外斗鱼对其他鱼也还算"客气"。斗鱼虽不好算作温和鱼，但也绝非凶猛滋事的鱼，尤其是亚成鱼及小鱼都能同其他鱼共处。

一般地说，温和的鱼类种内争斗凶，凶猛的鱼类较少滋事，但凶猛的鱼"吃你没商量"，饲养者应倍加费心。

 ## 警惕"特殊杀手"

在热带鱼中，不论海洋还是江河湖泊，都有些"特殊杀手"。它们有的是未长大的"职业杀手"，如小皇冠三间鱼、小红尾鲇鱼（狗仔鲸）等；有的是很凶的杂食性鱼，如叉尾斗鱼（能啄食其他鱼的眼睛）。受害的鱼往往在短期内死去，故不可不防。

皇冠三间鱼在5~6厘米体长阶段已开始初露凶相，吞食小鱼，种内种外均敢骚扰，多数鱼总是惧而避之，岂知败在小乌鱼的"手下"。要知道，小乌鱼虽身体直径仅稍大于0.5厘米，但嘴张开时宽超过0.5厘米，且满嘴细牙。所以对于这些"特殊杀手"应防着点，不可与哪怕比其大些的也很凶的鱼同缸，不可与体重是其3~5倍的温和鱼同缸饲养，更不能与体重不及其3~5倍的温和鱼同缸饲养（体重的3~5倍，仅相当于长度的1.4~1.7倍）。而5~6厘米长的小地图鱼，缺饵时便可吞食灯类鱼，应及早让它们"远走异乡"。

近年时尚养殖北美大螯虾等甲壳纲动物，它们品种多，各具美纹特色，深受众人青睐。不少人图方便而把它们寄养在观赏鱼缸中，这些家伙往往起初还"老实"，一段时间后大开杀戒，且多挑名贵高档鱼下手。一般应将大螯虾另缸饲养，尤其是长4厘米以上者。

凶猛的捕食性幼小鱼

笔者曾把3尾长5~6厘米的皇冠三间鱼和两尾长4~5厘米的小乌鱼养在一起。过一两天，发现两尾较大的皇冠三间鱼总爱追赶（后来是追咬）小乌鱼。正当笔者准备把那尾最小的淡黄色的乌鱼捞出时，出现了精彩一幕：

长约4厘米的小乌鱼对于比自身重两倍多的皇冠三间鱼的攻击，不再选择逃命，而是横过身来大幅度地摆动着尾巴，还未等皇冠三间鱼做出应战姿势，小乌鱼的嘴已咬到了皇冠三间鱼的胸鳍，咬住不松口，且拼命地拽，相持了一会儿；正当笔者以为"不分上下"时，小乌鱼第二次努力地晃尾，掀起了小浪和水花，速度快极了，皇冠三间鱼的胸鳍终于被咬了下来；皇冠三间鱼受到如此的惊吓后仍想攻击小乌鱼，但游到近处又戛然而止。

到了第二天，3尾皇冠三间鱼除身体多处红白外伤外只剩下小半个胸鳍。更奇怪的是找不到离体残留的鳍，想必是被乌鱼吃下肚了。

由此，笔者又想起亚马孙河支流内格罗河深处暗无天日，那里至少有3种"电鱼"，它们专吃其他"电鱼"的尾鳍（据解剖，可见满肚的尾鳍，在这种环境中，"电鱼"的尾鳍必定快速再生）。

裸缸鱼的组合

裸缸鱼的组合是否妥当，自然要搞清楚什么鱼与什么鱼"相克"，如稍大的虎皮鱼经常去啃咬神仙鱼的腹鳍须端，使神仙鱼一见到虎皮鱼即躲闪不安。更重要的是，要注意习性方面是否相差太大。有的鱼相对好静，如神仙鱼、丽丽鱼、斗鱼、铅笔鱼、琴尾鱼等。而虎皮鱼、斑马鱼、盲鱼（日夜觅食）、接吻鱼、双线鲫鱼等非常好动，有的几乎终日"马不停蹄"。好动的鱼常使好静的鱼不安。

虎皮鱼

有的鱼喜光，如虎皮鱼、黑玛丽鱼、胸斧鱼类、孔雀鱼、彩虹鱼。有的鱼喜暗或具夜行性，白天则躲藏起来，如三间鼠鱼、红翅鲨鱼、蛇仔鱼、象鼻鱼、黑魔鬼鱼（比较典型的还有许多鲤科鱼、鲇科鱼，如反游猫鱼和许多甲鲇鱼）等。喜暗或具夜行性的鱼在夜间活动，无形中是对其他鱼的骚扰。除非缸非常大、鱼非常少，否则都要引起注意。三间鼠鱼白天喜躲藏，应置些石头等物，让其藏匿。

此外，还有一个水层问题，一个较深的缸，最好都有些上中下各层的鱼，更有利于观赏和鱼缸空间的利用。

水草缸鱼的理想组合实例

水草缸中的淡水热带鱼组合很有讲究，以下介绍一些较理想的组合。

（1）微型水草缸（装水 31.25~62.5 千克，水体积 1/32~1/16 米³）。

例一，粗放型：孔雀鱼雄鱼 10~20 尾（缸水近 31.25 千克时 10 尾，缸水近 62.5 千克时 20 尾，其他类推），中红剑鱼 5~10 尾，中红光管鱼、头尾灯鱼或银屏灯鱼各 4~8 尾，青苔鼠鱼 1~2 尾。水草不宜太密。

例二，普通型：红绿灯鱼 10~20 尾，玫瑰扯旗鱼 6~12 尾，黄扯旗鱼、红尾玻璃鱼或玻璃扯旗鱼各 6~10 尾，小精灵鱼 2~4 尾。

例三，高档型：宝莲灯鱼 8~16 尾，红鼻剪刀鱼 10~20 尾，玻璃猫头鱼 4~8 尾，红心灯鱼 2~4 尾，小直升机鱼 1~2 尾。水草宜稀疏些。

（2）小型水草缸（装水 62.5~125 千克，水体积 1/16~1/8 米^3）。

例一，黑白两色素雅型：白莲灯鱼或黄扯旗鱼 20~40 尾，黑灯鱼 15~30 尾，玻璃猫头鱼 6~12 尾，燕尾红剑鱼和燕尾黑玛丽鱼各 1~2 对，青苔鼠鱼 2~4 尾。水草应较为密集茂盛。

例二，色彩对比强烈型：宝莲灯鱼（中鱼）16~32 尾，或红绿灯鱼（大鱼）20~40 尾，深红月光鱼（红气球鱼）10~20 尾，黑玛丽鱼 10~20 尾，蓝月光鱼 10~20 尾，小直升机鱼 2~4 尾。

例三，色彩缤纷热烈型：虎皮鱼（中鱼）10~20 尾，七彩凤凰鱼（中鱼至亚成鱼）4~8 尾，红尾月光鱼（三色鱼）10~20 尾，珍珠玛丽鱼 4~8 尾，小精灵鱼 3~6 尾。水草不必太密集。

（3）中型水草缸（装水 125~250 千克，水体积 1/8~1/4 米^3）。

例一，省工型：珍珠马甲鱼 4~8 尾，金曼龙鱼、蓝曼龙鱼、紫曼龙鱼、银曼龙鱼各 2~4 尾，红剑鱼 10~20 尾，大型孔雀鱼 10~20 尾，黑裙鱼 4~8 尾，红十字鱼 5~10 尾，金十字鱼 2~4 尾，黑白神仙鱼或熊猫神仙鱼 6~12 尾，青苔鼠鱼 2~4 尾。水草以大叶为主，不必太密。

例二，耐看型：中小三间鼠鱼 5~10 尾，红尾玻璃鱼 8~16 尾，刚果扯旗鱼 8~16 尾，红肚凤凰鱼 4~8 尾，橘子鱼 2~4 尾，闪电斑马鱼 8~16 尾，紫罗兰鼠鱼或金珍珠鼠鱼 5~10 尾，闪电彩虹鱼、五彩金凤鱼、红苹果彩虹鱼、红尾彩虹鱼、蓝彩虹鱼（皆为中鱼以上）各 2~4 尾。小直升机鱼和黄青苔鼠鱼各 1~2 尾。水草上密下疏。

例三，美艳型：纯红或纯绿或纯宝石蓝或纯白斗鱼共 1~2 尾（1 对），宝莲灯鱼 10~20 尾，透红万宝七彩神仙鱼（红富士七彩神仙鱼）中鱼 2~4 尾，纯蓝七彩神仙鱼（或天子蓝七彩神仙鱼）中鱼 1~2 尾，虎皮鱼 6~12 尾，五彩金凤鱼、红彩虹鱼各 2~4 尾，红鼻鱼 10~20 尾，短鲷类鱼 5~10 尾，金头神仙鱼或半透明鳞神仙鱼 4~8 尾，小皇冠鼠鱼 2~4 尾。水草不宜太密。

鱼缸中的鱼原来密度适中甚至密度偏小的，养了 20~40 天后鱼的密度虽无增加但个头变大了，同样感到拥挤，这时就要减少鱼尾数。

繁殖缸也有鱼的组合问题

单缸养 1 对鱼的繁殖方式很常见，这也是很有效的繁殖方式，但有时为了节约容器或容器不够用，也让两对或两对以上举行"集体婚礼"，这就有个组合问题。

（1）如果没有许多小的繁殖缸，可把一个大缸用硬塑板、铝片等隔开，每个被隔出的"房间"可容 1 对普通大小丽鱼产卵护卵，"房间"中应放置白砖、稍大石块等物。所谓普通大小是指除红肚凤凰鱼、七彩凤凰鱼和小短鲷鱼等较小型丽鱼，以及花老虎鱼、地图鱼及比它们更大的大型丽鱼外的中型丽鱼。

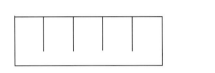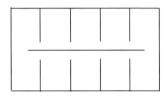

大缸的分隔（俯视）

（2）小型和较小型丽鱼，可在一个较大（如 45 厘米 × 45 厘米）缸的四角放置 4 个平放的空罐头或倒扣小花盆、碗（底部要牢固支起，留 1.5~2 厘米高作为出入口）之类，中间最好用硬塑板等隔开，供它们选择产卵。一般可容纳 3~4 对小型丽鱼和两对较小型丽鱼。

（3）大型和特大型丽鱼一般不提倡用隔离法繁殖，但若预计产卵时间差不多，则亦可将特大缸（500 千克以上水体）一分为二。

（4）斑马鱼、虎皮鱼、金丝鱼等中小型鱼虽然单缸 1 对产卵效果好，但也可让它们集体同时产卵，所谓"大兵团作战"。密置浮性水草，近缸底最好垫一铝网、不锈钢网或尼龙网。产后捞出亲鱼，提走隔网，充气孵化。

（5）蓝眼灯鱼、彩虹鱼也可集体产卵，但最好在布置密集浮性水草的缸中进行。彩虹鱼由于品种间生物特性相差不大，故一种雌鱼产卵可能引起另一种雄鱼跟随（参加繁殖）。一个水草缸最好只有两种，顶多 3 种彩虹鱼。上述鱼常吃卵，如果缸中鱼没有吃卵习惯（如玫瑰鲫鱼），可待孵化出小鱼后把大鱼捞移另缸养；如果吃卵频繁，则应在产卵时捞出部分水草，或产后尽快捞移带卵的水草。

几对丽鱼同在一大缸中产卵怎么办

如果在一个用器物隔开的课缸中，几对丽鱼几乎同时产卵，那么至少要再备一个较大的孵化缸，同时要在产卵缸中提供大小不同的各种产卵板，甚至缸底与缸壁也要铺贴玻璃片，以便在雌鱼产下卵之后把卵板或玻璃片移到孵化缸进行孵化。在上述过程中，最好遮住亲鱼视线，或暂移走亲鱼（不让亲鱼看见卵被取走）。

"硬件"配制·器具妙用

 ## 鱼缸电器的正确使用

先讲充气泵。充气泵气石出气有大小。大缸可充大气养大鱼，养大量鱼；小缸养中小鱼，充小气或微气足矣。产卵缸不能充大气，正在产卵的丽鱼科鱼（一般就是1对）鱼缸充小气，直至仔鱼孵化游起。卵生小规格鱼（体长小于4厘米）繁殖自始至终可以不充气。卵生中规格鱼（长大于4厘米）产卵时不一定要充气；产后缸深而小，卵粒稍多的可充微气，卵粒太多的孵化酶也多，水将酸化，仔鱼即使能孵出也变形（弯曲），成活不了，充大气无用，宜适时大量对水（＜2/3），或产后尽快将卵移往大缸。

充大气，缸水直接循环圈直径可至60~80厘米，充小气时直径50~60厘米，充微气时直径25~50厘米。就充小气而言，50~60厘米长的缸，配一个气头，并要置于左或右侧壁下方，以使缸水呈稳流而循环。缸长为70~90厘米的，可把气头往缸中心挪一些，使气头距一侧缸壁距离为50~60厘米。如果缸长为100~140厘米，则最好缸两侧各置一个气头。在缸中间后侧壁下方置一条形气石充大气也可以。如果缸近似于正方形，则可把气头置于一角落。缸边长为50~70厘米的可把气石置于左或右侧壁中央下方。边长大于80厘米的正方形缸池，可在对角底部各置一个气头。

潜水泵或过滤器使用时要注意全缸的水是否都循环起来。若缸有1米多长，潜水泵置于右侧，过滤后水也从右半缸上方流下，则左半缸就会造成"循环死角"，未使全缸水都参加循环（即形成循环"短路"）。避免"短路"也容易，即要把潜水泵的水导到缸的另一头，或对角再往下流。当然，若潜水泵带喷水气头，可以直接驱动缸水旋转，就可以不考虑"短路"问题。

潜水泵置于水中，也是小功率加热器。在夏天，如果鱼缸（包括水草缸）比较小（容水 125 千克以下），则可使缸水温提高 1~5℃。由于水温"莫名其妙"地提高，使厌热的部分热带鱼品种和水草遭殃。此点应该引起注意，实在不行时可考虑白天用充气替代，晚上气温回落些时再使用潜水泵。

加热器的正确使用方法见"慎防加热器故障"。

 ## 选用"滤材"有讲究

过滤箱、缸等过滤装置的入水口，都要将筛绢、过滤绵（某些絮状合成纤维）或细孔聚氨酯等作为第一道过滤。第一道过滤在材料功能方面没有什么大差异，目的是把水中大颗粒的固体、半固体物（主要是粪便、残饵）等过滤留下，定期清洗滞留下的污物即可。这道过滤很重要，如果马虎从事，则过滤系统将很快阻塞并作废，清洗与更换滤材都非常麻烦。

具体说来，细孔聚氨酯对滞留水面油滴和浆状、胶状底污很有作用；过滤绵对有不规则或纤维状物有很好的阻留作用；筛绢和滤纸则对粒状物等不放过，收集缸中散悬鱼卵很有效。因此，可以根据最近缸中的具体需要选用或组合用上述 4 种滤材。

至于鹅卵石、沙、塑料球、陶瓷环等虽然也称为滤材，但实际上起增加缸水与他物接触面积的作用，因而叫增面物更合适。增面物全缸到处都有，其作用固然皆为让硝化细菌等附着其上，行所谓"生化过滤"之功能，但其中很有学问。细沙的总表面积最大，但有的鱼缸浑浊而污物多，细沙用了一段时间，原本空隙间充满"生物膜"，再填充上污物，这样细沙平均表面积反比粗沙、鹅卵石等更小（洗沙、换沙可以，但很麻烦）。不过，细沙中水流不畅（而不是淤塞）部分很可能生活着嫌气性细菌，无氧时它们也要"消化有机物"等，如夺取氧而让氮、硫还原成气体，其结果是缸中硝酸盐含量反倒有所下降或保持在规定标准之下。这就是达到我们所希望的来之不易的"第二阶段平衡"途径之一。这样看来，过滤箱或缸，最好要有一定量的细沙，同时还要有别的增面物。

活性炭除对特定杂质有吸附作用外，还有吸收有色基团和重金属离子等作用，故活性炭可使水色变浅，还能降低 pH，应留意。

沸石因多孔又叫泡沸石，常用于降低水中的钙，使水硬度降低。因此，喜硬度高的热带鱼，如玛丽鱼类和坦噶尼喀湖口孵鱼类（皇冠六间鱼、五间半鱼、棋盘凤凰鱼等）一般不用沸石、活性炭过滤，常加些珊瑚沙，以增加水的硬度。

水管的妙用

塑料水管和橡胶水管主要用于抽缸底污物和添新水或洁净水。为防止交叉感染鱼病（包括原生虫病），常专管专用，即一管不用于多缸，一管不两用，不能既用来抽污物又用来添新水。此外，水管还有些奇妙的用途。

（1）用于缸与缸之间的水流动。两个缸水用充满水的水管连接起来，水管就成了虹吸管，两个缸就"连通"了起来，水从水面较高的一缸，顺水管流到水面较低的一缸，直至两个缸的水面同在一个水平高度上。值得注意的是，如果一缸在另一缸的缸底之下，则上面一缸水将可自流殆尽，条件是水管口要接触上面一缸之底。这一物理原理和自流现象在鱼的饲养管理过程中应用广泛。

（2）小口径的管子，如充气管，可作为卵粒和仔鱼的分选工具。方法是设法把充气管注满水或者在吸端有足够长的一段水，然后对准要移出的卵粒或仔鱼，这样就把这些卵粒与仔鱼很快地吸了出来（与其他的卵、仔鱼或死卵、污物等分开）。同理可吸污物。这是实际操作中经常采用的一招。

（3）有时出于某种考虑，需要缸水面保持在某一个高度之下，例如水低于缸上缘一定高度，以防止有的鱼跳出缸。又如，水太高将影响到缸上部电器和灯的安全，所以需要有个固定水位的装置，预防加水太多时出现一些问题。具体做法是利用一小段水管，让水管呈倒"U"字形，一端插入水下；另一端在缸外且处于缸水面稍下，把缸外端口往上转，并使端口固定在所需的缸水高度上；最后让整条"几"形水管充满水，在外端接上长橡皮管，用嘴在端口吸一口气即可。

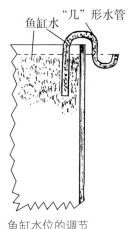

鱼缸水   "几"形水管

鱼缸水位的调节

无过滤系统也可以养好鱼

无过滤系统要养好鱼，至少鱼的密度不能太大（即使是可利用空气中氧气的鱼，鱼的密度最多也不能超过有过滤系统的一半），吸污和对水要比较勤（1天至少要对水1次）。除了上述两点外，鱼缸的内饰物、增面物及鱼缸的内缸壁尽量不要去擦洗（若有碍于观赏，前面玻璃内壁可以擦洗），因擦洗去的是"生物膜"（硝化细菌和其他有益微生物组成），把这一层膜全部洗去，则相当于新缸养鱼，事故颇多，原因是氨（鱼排泄物主要成分）不能转变为低毒的硝酸盐，所以应少洗缸。

由于无过滤箱或过滤缸，喂食太多也定会对氨等的彻底转化造成压力。为安全考虑，每一天都要对水，对水的多少与次数视所养鱼的多少、投喂什么饵料等而定。

有人提倡养种鱼要裸缸养，并且最好不要过滤装备，而要充大气，其原因主要有两点。

（1）有意制造小幅度的氨与亚硝酸盐含量波动，使鱼不会太娇气，同时氨与亚硝酸盐的少量存在只有利于少数有害微生物繁衍，而不利于多数有害微生物繁衍，鱼较少病。

（2）新水的刺激可使鱼食欲旺盛，缩短成熟期。但如果过滤系统很好，鱼生活正常，则不大想去对水，甚至觉得是多余的事。在这种情况下鱼可能常生活在硝酸盐含量较高的饲养水中。

从另一方面说，大量对水也使过滤系统失去使用意义，因为鱼已生长得健康。

 ## 沙和珊瑚沙被忽略的重要作用

沙若置于过滤箱（缸）中，一般认为可起生化作用，成了有益菌的温床；而置于缸中的底沙，一般认为那是固定水草根所需要的，或者是为了营造缸中自然环境。

同样，置于过滤箱（缸）中的珊瑚沙，一般也认为可起生化作用，置于缸中的则认为起某些装饰作用。

其实，这种看法是不全面的。所有与缸中水有接触的物质，它们的作用也许没有想象中差别那么大。首先，在一个鱼缸及所属的过滤系统中，所有与水体接触部位的物体界面，均要被硝化细菌等覆盖，只不过有或多或少的差异，即使不在过滤缸中，这些细菌也照样起生化作用。我们往往见到养了一大群鱼的缸，过滤缸的比例很小，鱼却长得很好，原来大缸中有各种各样的增面物（主要是其中有多孔隙的沙或珊瑚沙等，与水的接触面积很大），这就弥补了小过滤缸功能的不足。

鱼缸水在达到第一阶段平衡后，有一个相对稳定的时期。这个时期硝酸盐在增加，待硝酸盐积累太多（即超标，一般认为超过40毫克／升，不少种类未必就死，但也有的鱼却早已不行）时，仍然有办法恢复到第一阶段平衡。

要恢复第一阶段平衡，除对水外，肯定是一件很麻烦的事。能不能不采取措施，就能自动保持硝酸盐的含量，使其变化的幅度总在一个鱼能够适应的范围内呢？从理论上说可以在缸内培养反硝化细菌，把多余的硝酸盐等还原为氮气等无害物质。但技术上仍在探索之中。目前商品反硝化细菌还有光合细菌、芽孢杆菌、乳酸杆菌，均需专门培养，而要想在鱼缸中净化超标的水，应该多次投入足够数量的光合细菌等制剂，故不能一劳永逸。

要想在鱼缸中尝试培养反硝化细菌等，就需要明确方向，大致了解如何着手。以下几点建议供参考。

（1）有益细菌中，有不少种类具氧化和还原环境两栖性，即在有氧、无氧环境中均能增殖。

（2）需一定强度的光照和水温（如光合细菌宜23℃以上）。

（3）光合细菌等有益菌要有一定量的有机物与磷肥，才繁殖得快，故也很脆弱。低氧环境更利于反硝化细菌的活动。

（4）微孔聚氨酯泡沫料可作为载体，并适时添加有益菌。

（5）沙和珊瑚沙孔隙多，能作为载体，最经济实惠不过了，建议过滤箱（缸）和养殖缸中都适当增加沙（淡水缸）或珊瑚沙（养非洲大湖鱼及海水鱼鱼缸）。这样有利于循环不畅部分进行反硝化反应。

如果一个鱼缸硝酸盐含量不再增加，鱼又长得好，就称该缸水已达到第二阶段平衡！事实上偶尔可见到这种达到第二阶段平衡的缸，对其机理虽不很明了，但特点是养的鱼很少，缸中沙或珊瑚沙等量较多，过滤箱较大，光照较强，多有绿色植物生长其中。

沙和珊瑚沙的重要作用是作为硝化细菌的温床，反硝化细菌的载体或光合细菌等有益菌的微空间环境。

 ## 作用不小的隐蔽物

所有易被吞食的弱小鱼，几乎都有隐蔽的习性，这是自我保护的天性。淡水中的鳅科鱼是很典型的，无水或水干了能钻到淤泥中。蛇仔鱼属鳅科，你不必责怪它们老爱钻到底沙中，不时掀浮几株水草。这底沙就是蛇仔鱼的隐蔽物。

胎生鱼有多种，它们雌鱼临产时均会去找隐蔽物，供将降生的仔鱼隐蔽。最好的隐蔽物是密水草丛，乱石堆、叠石缝也好，实在无处躲，只好离鱼群远远的。

泡沫鱼类（多为攀鲈科鱼）雄鱼常把泡沫吐在缸角浮物或水草叶下，自身也多躲在"巢"下隐蔽起来，以免成了翠鸟等的食物。

丽鱼科鱼配对时，就已经开始瞄准"有利地形"，这样可以有利于护卵，使仔鱼被摄食的危险降到最低。小型丽鱼科的红肚凤凰鱼等及绝大多数短鲷鱼产卵场所选择在倒置的小花盆、罐、筒等隐蔽物内。大螺壳更是螺贝鱼的家与产房。

夜行性鱼，如沙鳅科的三间鼠鱼、红翅鼠鱼，线鳍电鳗科的魔鬼刀鱼，长颌鱼科的象鼻鱼等，白天总是深藏不露，夜间却"翻江倒海"。看来，若要顺其习性，最好的办法是赐给它们些隐蔽物，白天不至于扰乱了它们的安宁。

维吉塔短鲷鱼

湖池中的隐蔽物及作用

湖池中一般都有许多水草，如果水草少，则水往往绿到"伸手不见五指"；即使水清澈，湖池之壁与底也必定"青苔"、藻类如林。所以鱼等水生动物不愁找不到隐蔽物。池塘里多是鲤科鱼，它们与鳅、鲇、鳗等常到底泥底沙中隐避与觅饵。

在大水体中无人为直接干扰，大鱼吃小鱼"天经地义"，然而湖池中的小鱼却仍然有不少，最大的原因是卵的孵化、仔鱼的觅食生长得到了多种隐蔽物的庇护。

大网好捞鱼

鱼是水中的精灵，你要捞它，它从网旁溜走，更有甚者捞到网中的鱼，当你准备从水中提起时，它却高高跳起，潜入网的后方，几乎动摇了你的耐性。怎么办？

办法也许不止一种，但本人仅知用大网捞移缸中鱼很是方便。采用大的网，鱼就不知往何处"跑"，前后左右都是网，只好往后退，退到缸壁网也已经到了缸壁，于是乖乖地被"请"上。

水草缸也一样，想用小网捞中小鱼，结果水草浮起无数，在水面上集一大片，要多花工夫去栽下，不如大网慢慢围捕，触动水草倒是甚少。

捞网的妙用

捞网的用途是捞鱼，要移鱼一般都要用捞网。但捞网的用途远不止于捞鱼。

（1）视网眼的大小可作各种筛之用。例如网眼为7目（孔径0.206厘米）的捞网，可以把细沙中的粗沙和杂物一概筛去，还可以把较大卵粒（如斑马鱼卵）和较小卵粒（如红绿灯鱼卵）筛分开（一般无黏性卵才有混杂污物与筛分的问题）。各种网眼可筛分出不同长度的鱼。

（2）10~4目（孔径0.144~0.360厘米）的捞网（有时要把柄接长）可用于捞洗河边水蚯蚓，即先把在河边或浅底处见到的水蚯蚓带泥沙等捞起，就近在水面附近漂洗去污泥，然后移到岸上进一步处理。如果水蚯蚓与杂污物混在一起，可设法把其中的水倾去或筛去，然后将其装在一容器中，并用捞网盖上；不一会儿，因下层缺氧，水蚯蚓会爬到网之上，举起捞网，捞网上面就纯是干净无污物的水蚯蚓，达到了先把大部分水蚯蚓分离出来的目的。

（3）捞网还可用以隔离。捞网可以用做某些产卵鱼的产缸垫网（鱼卵从网眼间沉到缸底，而亲鱼在网之上，达到了鱼与卵隔开的目的）。一般以网目为10~2目（孔径0.144~0.720厘米）为宜。捞网可以用来暂时隔开酗斗中的两只鱼。捞网可以用来扰乱鱼的保护性反应，如正在护卵或护仔鱼的1对丽鱼（包括几乎所有七彩神仙鱼）亲鱼，当人们进行清污、抽水等作业时，它们如临大敌、奋起战斗，冲撞水管、人手等，为了避免鱼的"过激"行为，可从水面插入一稍大捞网，情况马上改观。

潜水泵的节电用法

潜水泵就是抽水机，只不过可以把它放到鱼缸中罢了。对于一般缸上式和缸下式过滤缸或过滤箱而言，不把水抽到一定的高度就无法进行过滤。过滤是必要的，但若把水抽到高处或从低处抽回大缸，就要消耗一定能量，相比之下缸内式与缸旁式过滤系统，消耗于克服重力的能量要少得多。也就是说缸内式、缸旁式比缸上和缸下式过滤系统更节能。我们有时可见到潜水泵置于并列式过滤缸的最后一挡，水流入该处的速度慢，而水抽出去（回大缸）的速度快（因而夹抽了大量空气），但如果把缸旁式过滤缸（箱）本身高度加高些，把潜水泵置于大缸内（往过滤缸抽水），就不会"白抽空气"，不过不能有阻塞，否则将影响过滤缸（箱）水自流回大缸，使缸水下降。

有一个办法可以解决缸上式和缸下式过滤系统多消耗电能（用于克服重力）的问题。这就是密封式过滤系统。这种过滤系统由于密封，整个过滤系统变成了两头插在大缸水中、充满水的不规则水管，说它是连通器的导管也许更确切些，但不管叫法如何，反正潜水泵不再需要克服重力，而只需克服过滤系统中本身的阻力、摩擦力等即可。所以密封性能良好的过滤系统，不管是缸上缸下、缸旁缸内，总是最节能的。如果怕制作麻烦，可直接购买个封闭式过滤箱，接上导管即可进行过滤。

 ## 鱼缸分隔妙法

例如有两尾差不多大的鱼（如斗鱼、罗汉鱼、阿里鱼等），养在同一缸将斗得两败俱伤；或者有两对鱼产卵在即，却只有一个不很小的鱼缸，这时就要把鱼缸一分为二，即把一个鱼缸变为两个鱼缸。这一点也许容易办得到，划一块大小合适的玻璃，用玻璃胶粘好，一天或半天后便可使用了。但若要再恢复到原来的一个缸的状态，虽办得到却相当麻烦（用刀片刮等）。

单列金元宝花罗汉鱼

红衣珍珠花罗汉鱼

为此，笔者采用一个易隔易拆的办法，即用玻璃片（宽稍大于中剖面，高略高于缸水）把这稍大的鱼缸隔开，形成两个直角梯形缸（这两个小缸都有一个大于90°、另一个小于90°的角），用1~2个橡皮或塑料吸盘，顶住两个大于90°角处的玻璃片。于是，玻璃被固定。同理，可把缸一分为三等。

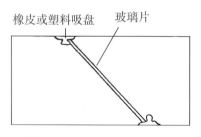
用玻璃片把鱼缸一分为二（俯视）

饵料获取 · 科学投喂

活饵的获取与保存

活饵如果死了，即便未变质，营养价值也将大大下降，然而天天去野外采活饵或购买活饵，不仅麻烦而且有时也难办到，所以保存活饵有其实际意义。活饵有水蚯蚓、水蚤等。

（1）水蚯蚓。用 10~4 目（孔径 0.144~0.360 厘米）虫捞网到野外河沟有水蚯蚓处捞，在水中荡几下去掉大部分黏土之类，然后收放到桶等容器中（带着许多杂物）。如果一次采到的量很多，可以分放到几个容器中，每个容器放 20~30 厘米厚。天冷时上部要加盖，让水蚯蚓快些爬到上部（接触氧气），这样可以把上层水蚯蚓与下部垃圾分开。专业人员用簸箕形的虫捞在河道中作业，大量捞取。

保存水蚯蚓的秘诀是不让其缺氧。干法保存可摊薄放在阴凉的水泥地上，每天洒水或冲水数次。这样夏天可保存 2~3 天没大问题，冬天可长久些。湿法保存应该把水蚯蚓泡在大量水中，一般是充气使水呈动水，水浑浊了要换新水。应注意水蚯蚓是否太厚，太厚或结成大团则底层与团中央水蚯蚓也会因缺氧而死去。此外，也可将其放在容器中让水从上方滴流而下或流过，不让其缺氧。

（2）水蚤。水蚤是小型鱼和仔幼鱼的主食，营养堪称极品。大鱼中鱼饵料中搭配些好处多。中小型鱼饵料中若能搭配 2~4 成水蚤，则鱼的颜色与野外的几无差别，一生均不易染病，而且繁殖正常（目前城市里饲养的热带鱼，就因为捞不到买不到水蚤而基本上不繁殖）。凌晨或其他久未晒到太阳（缺氧）时（水蚤游到上层多氧处），到野外用长柄蚤捞网在河池湖水中转圈，可捞到多种芝麻状细小物，小的为芝麻若干分之一大至几个芝麻大的水蚤。一般新水注入后卵生的小如粉，为幼小鱼上好饵料。而胎生的较大，但在野外最后均能长大。水蚤在上海、广州等处容易购到。

普通水蚤似乎寿命不过 10 天，捞回来后就开始相继死亡。捞上来的水蚤，如果在容器中放少量水，结果将全数死亡；如果把水筛干，让空气透进水蚤堆中，则到家至少可以有一部分或基本上都活着（视品种和大小等很不相同）。活着的水蚤如果养在富氧的清水中，有的能活半天一天，有的则能活多天（视品种而异，绿色小水蚤不耐久，红色大水蚤则耐久）。刚死的水蚤气味等没变，鱼仍然爱吃。死水蚤放久了易臭易烂，鱼不吃，倒是活水蚤可以吃一部分死水蚤，并且还能长大。养小水蚤可以用绿水，这样可延长水蚤的寿命。养红色大水蚤，则要一定含量的有机物。洗水蚯蚓的水（其中有不少死水蚯蚓）拿来喂大型或较大型水蚤，水蚤不但不易死，反而会长大并生小水蚤。不过，所有水蚤都怕缺氧，缺氧时先集中于水面附近，然后有部分飘浮于水面，接着就大量死亡。因此，养水蚤一定要适当（不能太猛）充气，不能用潜水泵。在 0.1~0.2 吨的水中，养 0.5~1 千克水蚯蚓，在几天的时间内，水蚯蚓将有部分死亡，水浑浊得很；但如果把少量红色水蚤养在其中，则水蚤将大量繁殖，与其消极地用清水维持其生命，不如用此法繁殖些水蚤。当然如果缸水只有 0.01~0.02 吨，则水蚯蚓可减至 0.05~0.1 千克。

（3）血虫。摇蚊幼虫，色如血。有人也称红虫。凌晨或天气闷热，水中缺氧时，游到水面附近，此时正是捞取的好机会，可用蚤捞网、鱼捞网等来捞。

摇蚊幼虫捞来后洗净速冻起来，投喂时先溶化。摇蚊幼虫可以用烂小白菜叶等养在清水中，但幼虫长成即结茧。故摇蚊幼虫如果多置一两天，则有相当一部分要变成绿色的蚊子——摇蚊逃之无踪。因此大个子的摇蚊幼虫宜先捞起喂鱼，方法是用热带鱼用品商店出售的普通捞网，在水中筛去小的，取大的入缸投喂。

（4）草履虫。大型纤毛虫，是几乎所有仔鱼的开口饵料。在野外湖池和流动慢的河中，有时能大量涌现。虫捞网可用较密的布来制作，或者用网眼小于 240 目（孔径 0.006 厘米）的筛绢来做。

野外捞回的草履虫常混有水蜈蚣、松藻虫、水蚤等许多杂物，可用

100 目（孔径 0.0144 厘米）筛网或畚捞网过滤，漏过的均为含草履虫的"灰水"等。与水蚤一样，草履虫的生命周期短，易死又易长，在存放草履虫的缸中加烂稻草、烂菜叶（未烂的可投入缸浸 2~3 天），可使细菌先行繁殖，然后草履虫的数量倍增，且不必充气。但在春夏秋季，在培养水蚤或草履虫的缸中常发现蚌壳虫成灾，对此，宜清缸，之后重新用纯水蚤或草履虫来培养。

（5）轮虫。轮虫种类颇多，较小（长多为 0.15~0.38 毫米），但比一般草履虫大，相当于大草履虫。用 150 目（孔径 0.0096 厘米）或更小些网眼的筛绢在野外水肥的河湾、池角、湖边可捞到。颜色灰白。不少地方以秋天为多。有时海滩静水中也有。

培养轮虫多用单细胞藻类（又称单胞藻或微藻）。先培养好藻类，再"接种"纯轮虫，1~2 周可收获（迟早视投入轮虫的量多少等）。容器不讲究。但应注意不能混入草履虫等，否则收获到的将是别的东西。

海水轮虫种类虽少，但因育虾苗等需要，培养规模很大，品种很好（如褶皱臂尾轮虫）。只是水应为海水，盐度为 15~25。

（6）丰年虾。又叫丰年虫，甲壳纲鳃足亚纲小动物，在岸边或盐田常可捞到，成体长 1.2~1.5 厘米，而幼仔长仅 0.3~0.4 毫米，大小相当于轮虫。

孵化丰年虾卵，可得到无节幼虫，大小为一般仔鱼所能吞食，故商品丰年虫卵需求量大。孵化方法如下：①配制盐度为 15~25 的培养水，pH 用碳酸氢钠调到 8~8.2。控温 20~30℃。②按 5 克/升投入丰年虾卵，并充气，注意防止丰年虾卵堆到死角而影响孵化。如果有圆形缸或漏斗状容器则更好，充气后不致使卵堆结。③ 36~48 小时后，用 200 目（孔径 0.0072 厘米）筛绢捞移出丰年虾幼体喂鱼。

速冻鱼虫的保存

鱼虫一般指各种水蚤、水蚯蚓和血虫。

水蚤一次捞太多，暂时投喂有余，可考虑冷冻起来，待缺少活食时再取来喂鱼。有人冷冻水蚤时加水淹没，这样不好，因为化解时除了水要大量吸热外，水变为冰再溶为水时水蚤外壳已破裂，养分有相当一部分流失于水中，降低了营养价值。对于耐粗放的鱼可不必化解即投喂，营养价值损失少。但更好的是干水蚤冷冻，不过仍有营养损失。

水蚯蚓在南方尤其是长江以南，因四季均可捞到，购买相对容易，故冷冻缺乏实际意义。如果北方有时需要冷冻，可以在一个塑料袋中装少量水蚯蚓（无水），然后压扁，迅速进行冷冻。需要时可用手掰一小块出来投喂。只是冷冻后的水蚯蚓也同样会有营养损失。

血虫比其他鱼虫更常冷冻，原因是血虫资源有限，有时一时捞多了想留着日后投喂。相比之下，血虫冷冻营养损失较少，化解后的血虫仍很"完美"，鱼也喜食，只是不能久留于缸中，否则会发臭而污染缸水。自己若捞到大量血虫，可装在分隔成许多小格的塑料包装物中，或利用类似于巧克力糖等的商品包装物，还可以用一块塑料薄膜，把活的血虫均摊在塑料膜上，四周留下两厘米不放虫，然后把塑料薄膜带血虫卷起来，用牛皮筋等固定好，不让其松卷。冷冻后待用。用时可根据用量的多少，取出一卷或多卷。需要量少的，可用剪刀剪下一小段或若干分之一均可，很是方便。血虫带水与不带水冷冻均可。

自制"汉堡"

"汉堡"主要是用来喂养七彩神仙鱼，尤其适用于繁殖的七彩神仙鱼。大七彩神仙鱼对水蚯蚓不是很感兴趣，对水蚤的兴趣也多限于小七彩神仙鱼。有时投入水蚤，会使大七彩神仙鱼全身发痒发黑。但大七彩神仙鱼对"汉堡"却是非常喜爱。

配料：牛心1粒（较大的，重2~2.25千克）或2粒（较小的，每个重约1千克）；虾（海水、淡水的均可），重为牛心总重的1/2至略多于牛心总重；素料（水分少的蔬菜或水果，如包菜、西红柿、胡萝卜、猕猴桃等），

这种打酱机打制出来的"汉堡"含水分比打浆机打出的要少

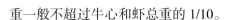

重一般不超过牛心和虾总重的 1/10。

制法：把牛心洗净，剔去牛油、粗筋、心膜等杂物，余下全肉；把虾洗净（不去头、皮）；把素料洗净。把上述所有原料先切碎再用打浆机打成浆（不能太稀）。装于几个小容器中（要摊薄，用时才好截取出），或装于专用的薄盒子中。以最快的速度冷冻（备用）。有时嫌打浆机打出的含水太多，可用打酱机来打制。

不可忽视的"另类鲜饵"

淡水热带鱼有许多为素食鱼，如大飞船鱼、金飞船鱼、双线鲷鱼、皇冠九间鱼、飞凤鱼、琵琶鱼等，这些素食鱼虽也吃动物性饵料，甚至吃小鱼（如大飞船鱼、双线鲷鱼），但它们可以长时间素食，而且长得特别快。至于杂食性鱼，如曼龙鱼、马甲鱼、七彩神仙鱼等，尤其在缺动物性饵时，会很快转为机会素食，或择嫩而食。某些俨然为捕食性的鱼也可素食，如地图鱼、花老虎鱼等。

一般水草缸的附生藻类，顶多只可供青苔鼠鱼、黑线铅笔鱼、黑玛丽鱼等当"副食品"，正餐还盼着"天上掉下来的馅饼"（动物性饵料）。至于裸缸，偶尔长出的"青苔"与褐藻，包括几乎所有偶然始生的固着类原生虫，都远不够一尾长 10 厘米左右的琵琶鱼享用。所以对于植食性鱼与杂食性鱼应该适量投喂植物性饵料，最方便的是芜萍、小绿萍、各种青菜（如莴苣叶、菠菜叶）。至于量的多少和植物性饵料的品种，要根据鱼的多少和鱼的品种、摄食习性加以区别对待。

关于素食

素食的热带鱼不少，如青苔鼠鱼、琵琶鱼、皇冠九间鱼、飞凤鱼。淡水经济鱼，如草鱼、鲢鱼、团头鲂鱼，也都是素食鱼。其实，素食鱼并非一点都不吃荤，只是说它们可以长期依靠植物为生。大动物如牛、羊等也是素食者，它们不会因此而营养不良，所以不必担心素食鱼营养不够。

哪些鱼要吃"夜宵"

以下种类的鱼有吃"夜宵"的习惯。

（1）大凡夜间活动的鱼，白天给它们投饵，也并非一概拒绝；反之，亦然。当然，夜间活动的鱼多在夜间用"正餐"，如黑魔鬼鱼、象鼻鱼、蛇仔鱼、三间鼠鱼、红翅鲨鱼等。

（2）有触须的鱼一般都有黑夜用餐的习性，如鲤科鱼类、鳅科鱼类中的许多种，鲇形目鱼类似乎更普遍一些。原因是这些有须的鱼，须往往就是它们的重要感觉器官，有的非常灵敏，如玫瑰鲫鱼、中华花鳅鱼、壮体沙鳅鱼、三间鼠鱼、红尾鲇鱼、铁铲鲇鱼、胡椒鼠鱼、咖啡鼠鱼等，当它们饿时，只要触须一触及饵料，头一歪，一张口，饵料便送到了嘴边或嘴里。

咖啡鼠鱼

（3）能发微弱电流或电波的鱼，可以在黑暗世界中依靠自身的"声呐系统"，探路与觅饵，如黑魔鬼鱼、象鼻鱼。盲鱼（盲脂鲤鱼）的行为并不像无眼的鱼，摄食等均似正常鱼。自然，盲鱼夜间觅食如昼。

（4）许多草食鱼为了填饱肚子，只好终日忙碌，啃食、刮食水草、"青苔"等，如青苔鼠鱼、小精灵鱼、琵琶鼠鱼皆是。

此外，许多鲤科鱼，包括观赏鱼中的金鱼，还有其祖先鲫鱼，日本彩

鲫和近亲锦鲤，均有吃"夜宵"的习惯。

对于这些鱼，最大的问题是在给了"夜宵"后在卫生管理方面是否跟得上。如果投喂"夜宵"后水质可保持良好，至少对于中小鱼是可以考虑的。但大鱼新陈代谢慢，白天投喂已能满足正常生长，就不必夜晚"加餐"了。对于捕食性鱼类、眼力好的鱼类，及大鱼、成熟的鱼，都不提倡夜间投喂，因为多是"不受用"，还要花工夫清残饵。有人白天忙于工作，晚上有空，开灯喂鱼，此应另当别论。

投喂饵料有窍门

喂鱼，似乎无人不会，但要喂得科学，要喂得让鱼长得快，也并非人人都会。

首先，不要把饵料仓库做在缸中，不要将活饵水蚯蚓、水蚤多投于缸中。多投的水蚯蚓在鱼缸中会慢慢死去，有时会全部烂掉；水蚤一般寿命为1~3天，有时因亚硝酸盐含量高等原因，1~1.5小时之内全死去，如果这时未及时发现，或等几个小时以后才发现，水已坏容易死鱼。至于人工饵，如颗粒饵料和"汉堡"等就更不能过量投喂，引起水质败坏得更快。最好还是按常规投饵15~30分钟后清去所有剩饵与残饵。

有人很怕鱼饿坏，其实鱼很耐饿，小鱼（长3~5厘米）饿3~7天一点问题都没有，倒是久饿的鱼吃太多了便会一命呜呼。中鱼、大鱼忍饥挨饿半个月至两个月也无大影响。平时要让鱼吃七八分饱，因为这样能使鱼保持旺盛的食欲。七彩神仙鱼和普通神仙鱼的中小鱼，喂七八分饱，结合定时投喂则效果很好。一般鱼吃得肚子鼓起后，还可再吃二三成，但此时不让它们再吃，下一次投喂也如此，一天2~3次，如此鱼长得奇快。

此外，不能忽视一般喂鱼原则，如定时（大中鱼1~2次，小幼鱼2~3次，幼仔鱼多次或保持缸中有小鲜活饵），定量（每次投喂视前餐情况，吃不完则减，吃完则稍加，成鱼多不加减），定质（鲜活饵应不带病菌，人工饵营养搭配要全面，腐烂变质饵应弃去，特别要防霉变和蛋白质染肉毒，故饵料要保持干燥或低温），定点（大鱼缸投饵定点，便于了解食量和清理卫生，并要照顾弱小鱼）。

值得一提的是，缸中有活饵不能乱投药，尤其是福尔马林、高锰酸钾等，以免活饵死后水质恶变，但水蚯蚓至少可耐 0.7 毫克 / 升的硫酸铜及一些抗生素药。

小型鱼和仔鱼的喂养

小型鱼是指成鱼后鱼的身长仍较短小（一般长在 5 厘米上下），如多数孔雀鱼、脂鲤科灯类鱼和卵生鳉科不少品种（如蓝眼灯鱼、火箭鳉鱼、竖琴鱼等）。七彩凤凰鱼（荷兰凤凰鱼）和小精灵鱼等也算小型鱼。

头尾灯鱼

七彩凤凰鱼

小型鱼一般认为应在缸中保持有鲜活饵料，但裸缸大量（100 尾以上）饲养时，仍可按中小型鱼处理，即一天定时投喂 2~3 次。小型鱼尤其是中小脂鲤科鱼，一般都嗜食水蚤，包括箭水蚤和其他能"蹦跳"的小活物，它们速度再快鱼也能捕捉到（小型鱼往往弯着身子，然后像弹簧一样伸直，同时张开嘴。此特性可以用来清理丽鱼科较大型或中型鱼繁殖缸中的箭水蚤等类小生物），所以最好每天或经常投喂些水蚤。水蚤营养非常全面，堪称活饵之冠，对鱼的正常发育、健康和繁殖均有好处。

仔鱼的一般饵料是灰水（也叫洄水），即用 240~180 目（孔径 0.006~0.008厘米）网眼的虫捞网从野外河池湖中捞来，在水中如散落的面粉一般的小活虫，主要有草履虫、轮虫、小型水蚤和小规格水蚤及多种小型原虫等。

如果仔鱼较小，也可用 80 目（孔径 0.018 厘米）筛网把其中较大的捞起喂幼鱼。对于马甲鱼、闪电彩虹鱼等的仔鱼，开口饵料最好是能漏过 150 目（孔径 0.0096 厘米）的小灰（即在 150 目的筛网上置捞回的灰水，放在水面附近晃动，能漏下去到水中的就叫小灰），玻璃拉拉鱼仔鱼有时还要辅以少量蛋黄和绿水。

小精灵鱼常见的长都在 5 厘米以下，最好要养在水草缸中，并要求有"绿膜"和丝状附生藻类作为食物，因此即使在有"青苔"的水草缸中小精灵鱼也长得欠佳，水质变化时易死去。但在有少许阳光直接照射的缸中，哪怕是裸缸，也能较好生长。

丰年虾仔的孵化和应用

丰年虾仔可喂养较小的小型鱼，是大中个头仔鱼的开口饵料，应用广泛。

调好盐度为 15~25 的孵化水，或者用水密度为 1.015~1.025（天然海水常见密度），丰年虾卵（卤虫卵）的投入按 0.2~0.5 克/升计算，容器最好为圆柱形或圆锥形。孵化过程中要充气，温度一般不低于 15℃，最好保持 pH8~8.2。一般经 48~70 小时，可孵化出丰年虾仔。可用 200~150 目（孔径 0.0072~0.0096 厘米）筛绢等将其滤出喂鱼。

一般热带鱼商店有罐装丰年虾卵出售，产地等不同，质量有差异。中国的产品都不赖。

水质管理·调节有度

 各种水的属性

（1）自来水。这是水厂以江河水为原料，经沉淀、过滤、杀菌等工序生产出来的工业用水和生活用水。去氯后可作为大部分淡水热带鱼的用水，以及调配咸淡水热带鱼的用水。在淡水缸实际操作中往往有人直接对入新鲜自来水（如福州地区），这是因为对水的量很少，只有原缸水的1/8~1/4，且正常情况下自来水含氯量不高。但就全国而言，不是所有地方都可以这么做。

（2）江河水。如果江河水少有污染（尤其是有机物、重金属或化学污染）则仍然可用。若经短时间（1~5天）沉淀与消毒（如用漂白粉0.5~1毫克/升），再经过滤，则使用起来会更安全些。

（3）井水。特点是冬夏温差不大，所以多数感觉井水冬温夏凉。但井水往往矿化度较高，宜测试后有针对性地使用。如硬度不高的可作为一般养殖水使用，硬度较高的可作为玛丽鱼或非洲大湖鱼的养殖水。一般井水无鱼病感染问题。

（4）山麓溪水与坎儿井水。如果山上岩石不是以石灰岩、白云岩（含钙、镁）等为主，那么一般山涧与山麓溪流水硬度较低，或含偏硅酸，恰好可作为喜软水鱼的繁殖用水。坎儿井原在干旱区的新疆，为山上的冰雪消融之水，性质近于山麓溪水。这两种水一般也无鱼病感染问题。

（5）泉水。实际上未经过池塘，而从山腰或山麓自然流出来的都是泉水。泉水往往是山麓溪水的上源，除石灰岩、白云岩等构成的山体外也多为软水。

（6）蒸馏水、雨水、雪水等。水蒸气经凝结而成的水。从理论上说应是超软水，可直接作为某些鱼的繁殖用水，不过因粉尘和其他一些原因，也有可能硬度略高，但仍属软水，经过滤后可用。雨水、雪水杂质多，硬度也低，但有的酸性强（pH < 5）。

（7）洁净水、纯净水。都不是指纯水和低硬度水，前者只强调水中没有一般概念上不清洁不干净的东西，后者强调纯属洁净水而不掺和别的水或物。这样的水可以作为普通养殖水用。

（8）纯水。不含任何其他杂物的水，蒸馏水就是合格的纯水。但作用仅限于调配低硬度水或软水。多数鱼卵不能在纯水中孵化。

（9）地下水。包括承压水（矿水等）和非承压水（潜水等）。非承压水可在各种地层间隙与缝隙中自由流动，自流出的称泉水，人工提取上来的多叫井水。可直接或处理后（如偏碱或偏硬）作为养殖用水。这些水若不被污染，也可称为洁净水。

（10）沉淀水。因水较浑浊，或生物量较多，不好直接使用而又不能不用。措施是把这些水盛于大容器或水泥池中，加盖不让见光，10天后使用上层水，或抽去下层沉淀物后使用。此法常用来净化海水。

老水的作用

老水一词恐怕比饲养热带鱼的历史要悠久得多，它是我国"鱼工"（金鱼饲养者）的行话之一。鱼在新水中是很不习惯的，其一是不自然（泳态等），其二是少摄食，因此长大得慢。在老水中生活已习惯的鱼，忽然将其移至新水（即从未养过鱼的水），鱼身上的"胶质"将会加快脱落，尤其是鳍长而薄的鱼移至新水后尾鳍末端很可能腐烂。例如神仙鱼常见这种情况，而七彩神仙鱼，特别是幼小鱼，也常见尾烂一大截。相反，在老水中只要常对水，鱼既自在又长得快。那么到底什么叫老水呢？

老水可以认为是养过较长一段时间鱼的水，虽然并不是说一定要原先那缸水（即不能对水），但每次对水量少，且鱼数不少，很快缸水又"烂熟"而变"老"了。其次可以认为缸水中含有大量（未必超标）硝酸盐，这是鱼的代谢物转化来的。当水中含有少量硝酸盐时，对不少鱼的致病细菌，甚至是淡水小瓜虫，都有明显的抑制作用。但如果超标（> 40毫克/升），

金背长鳍熊猫神仙鱼

硝化细菌等组成的缸中微生物群落就不稳定，一些鱼病乘虚而入。最常见的是淡水卵鞭虫病和海水卵鞭虫病与隐核虫病。

老水因为养鱼的时间长了，或养鱼的数量多了，有机物含量增加，故颜色变为浅棕色或茶色。水中含有一些有益成分，只要硝酸盐未超标，对鱼可起保健作用。

不常听说的"顺水"

这里的"顺水"并不是指人们平时所说的水流方向，而是指不必大规模对水，而鱼又无病无事故，即养鱼非常顺利的饲养水。

"顺水"有几种，老水算一种，过滤系统完善的水算一种，水草缸或"青苔""褐膜"多的缸算一种。另有一种"顺水"出现在裸缸，缸壁及底部长满滑腻的硝化细菌与有益微生物结合体，缸底的污物常结成不结实的团，缸壁也常见一片疏密不等的"短毛"。除此之外，"绿水"也可算一种"顺水"。

"土法" 鉴别缸水好坏

鉴别缸水的好坏有"洋法"和"土法"，"洋法"是用化学手段进行检测，普通养鱼者能够做也愿意做的是用水质简易测试盒，根据提示程序操作，最后经读数、比色等得出缸水氨、亚硝酸盐、硝酸盐等多种水质指数，进而确定有无超标。这里着重讲"土法"鉴定方法。

"土法"即是不借助任何检测手段，用肉眼进行经验判断，虽然无法准确说出具体数字，但仍是管用的，如同品酒师品酒一样。

（1）水溶胶和黏度增加。水溶胶系鱼体（鳞）脱落胶体，水中含有蛋白胶体。水面往往有一层厚膜，如果只有充气而无过滤，则气泡上升到达水面之处，有一个无膜无气泡的小圆面，其他处水面则膜厚且具众多大小水泡。水泡越大，说明水的胶体含量越多；水泡越多，说明持续的时间越久。这说明投喂过量或养鱼太多，水质已坏，氨等可能已超标。

如果有一两对七彩神仙鱼或两三对神仙鱼或其他丽鱼科鱼即将产卵，水中排泄物暂时增多，也有许多气泡，但气泡不是很密，且比较小（直径0.1厘米左右）。如果既有充气又有过滤，则上述水膜和水泡很可能不明显或没有，说明过滤槽或过滤器已把大部分胶质"消化"掉。但如果过滤槽很脏，水有些浑浊或见不到底或见不到后面玻璃，则说明过滤槽已失去作用，水质已很糟糕。怎么办？

淡水缸要紧急对水（1/4~1/2），清洗滤绵等。停止喂食，直到水变澄清为止。

（2）充大气、强过滤，鱼仍浮头。按理充大气或潜水泵正常工作缸中的氧气是足够的，但为什么鱼又表现出缺氧的典型症状呢？一般的解释是残饵等有机物太多，被细菌分解后氨含量等急性增加，水中的氨等通过鱼鳃渗透到鱼的体液中，使鱼出现与二氧化碳在体内过多同样的生理反应，即浮头。

该种情况比上一点所述情况更严重，如果对水、加强过滤不能解决这一问题，应考虑移鱼，即把鱼暂移到一个备有洁水、水温又差不多的动水鱼缸中暂养；同时着手处理原缸水（如前一点所述），或经检测水指标正常后再把鱼移回原缸。

（3）不吃饵、逆水游。原来每天投喂的饵料都能吃完，而不知为何有些鱼出现"绝食"现象，这很可能是每天投喂的量都偏多，缸中未建立反硝化系统，故氨的氧化终止在亚硝酸盐这一环节，或者硝酸盐含量太高，已使对硝酸盐敏感的鱼类不能正常摄食。当然，有的鱼对硝酸盐含量高些是有忍受性的，如曼龙鱼、叉尾斗鱼等不少品种。

为什么又有逆水游的现象呢？这也许是鱼经长期进化形成的遗传性，上游的水可能比下游要好，陡坎上跌下的水要比陡坎下的水要新鲜，鱼自然趋近好水。这种现象说明缸中水定有某些不受鱼欢迎的化学成分，也可能是硝酸盐含量过多。

单纯性浑浊水的处理

新缸养鱼，开始阶段不尽如人意，这是正常的事。养了一段时间，一切正常的鱼缸，有时也会出现水浑浊、鱼浮头等现象，甚至会死鱼。原因主要是缸中微生物群落有变化，引起有机物增多，水质变化。起因可能是残饵太多。

如果未发现其他征兆，如水上有泡沫、水蚯蚓大量死亡、缸壁有看得见的生物等，则属单纯性浑浊，水中可能有草履虫或某些微生物种类。草履虫能攻击水蚯蚓、仔鱼等，使水质恶化，故须及早清理，方法如下。

（1）清晨把缸中水草、鱼及其他生物统统移出缸外暂养在洁净水中，清出所有缸中物体。缸底留下 1 厘米深水。

（2）使剩余缸水福尔马林、硫酸铜分别达 500 毫升/米^3 和 7 克/米^3。设缸长、宽分别为 a 米、b 米，则应用注射器吸取 $0.01 \times a \times b \times 500$ 毫升福尔马林，并用天平称取 $0.01 \times a \times b \times 7$ 克硫酸铜，把药物投入缸中。清洗缸壁和原缸之物。

（3）当天暂养缸暂停投喂，12 小时左右对水 1/3，并把过滤槽或过滤缸中可取出漂洗的过滤绵、聚氨酯泡沫塑料块等，均取出洗涤（先用上述药液洗，再用清水漂，擦干、甩干），然后放回原处。

（4）倒去药水，清洗，晾 2 小时再注满缸水。

（5）过滤、充气至第三天时投加硝化细菌，可以从其他水质优良的缸中引入置物或沙等，也可以根据说明书倾入一定量商品硝化细菌，然后移入暂养缸中的鱼、水草等。

（6）视缸中的状况，决定恢复正常管理时期。一般 10 天至半个月后像往常一样正常投喂与管理。10 天之前投饵宁少勿多。

（7）20 天后视过滤系统是否理想，决定是否追加有益微生物（若不能从水质优良的其他缸引种，可加入曾经使用过效果不错的商品硝化细菌及其他微生物制剂）。

残饵性浑浊水的处理

水虽有某种程度的浑浊，但同时水面泡沫增加（水中有死细胞分解物），水有异味（腐肉味），一般认为是残饵性浑浊。残饵性浑浊的原因主要是残饵过多，但也经常因有一两尾死鱼未及时捞出，在隐蔽处腐烂发臭，影响并坏了整缸好水。

如果仅是水面泡沫多，鱼未浮头未死亡，只要找到污染源（死鱼等），停喂 1~2 天，加强过滤，一般都会好转。

如果鱼浮头，则一般认为水质已败坏，不但缺氧，而且水中氨等含量也已升高，检测和对水均有必要。可参照单纯性浑浊水的处理方法（水草缸不能用硫酸铜、高锰酸钾等药物，且水草缸中有鱼时用药浓度只能是正常量的 1/10）。

如果鱼已有部分死亡，则说明已贻误了处理时间，应立即捞死鱼、对水或清缸。如果有商品光合细菌等微生物制剂，则对水若干分之一后立即投放，并加强过滤。鱼有食欲时，说明水质好转。此过程时间一般不会超过 3 天。若不能解决问题，则同样要清缸。

裸缸固着类原生虫的消除

裸缸，尤其是过滤效果差的裸缸，很容易滋长原生虫。最简便的方法是用硫酸铜杀灭，普通用 0.7 毫克／升，或者用 0.5 毫克／升加硫酸亚铁 0.2

毫克/升。这种方法能够消灭绝大部分裸缸（非裸缸不能直接加硫酸铜）原生虫，对水后使鱼缸卫生面貌焕然一新，又不会太大地影响鱼的正常活动，不必移鱼，真是简便实用。但事物并不都完美无缺，此法也有不尽如人意之处。

（1）如果缸中固着类原生虫较多，说明缸水有机碎屑多。此时若从野外湖池带来一点"棉花状物"，就能大量繁殖，大的捞起像冻胶，称小栉台虫。另有一种不聚集成大团，仅绿豆大小或更小，颜色灰白，为吸管虫等，如藻类固着在缸壁。这两种都有碍观赏，使水变瘦，对小鱼有害。加硫酸铜后米汤状缸水变得更浓，此后要立即大量对水，以免充气小或水流慢时部分或全部鱼缺氧浮头，甚至死去。

（2）对于聚缩虫、独缩虫等原生虫而言，普通硫酸铜剂量只能抑制其生长，过一段时间则又繁殖起来。好在这两种固着类原生虫量少时，都不太碍眼，且少量留在鱼缸中还很有好处，可稳定水质（水太肥时便倍增，能滤食去很大一部分有机物）。但繁殖到有碍观赏时须用刮苔清污用具把它们擦去（定期处理较麻烦）。

（3）有一种类似累枝虫的原生虫（幼"株"如爬山虎般蔓延于缸壁），普通硫酸铜剂量虽能杀死"植株"，但对于那些附着在缸壁上部的"小黑点"却无能为力，待到"小黑点"长出"植株"，再用一次药时，则又见缸壁有少量"小黑点"。如此最好的办法仍然是清缸，其次是用药后降下水位10厘米，用布等擦去附于缸上部的"小黑点"。如果不清去又怎么样？回答是对于幼鱼至成鱼影响甚小（水浑浊而已），对于稚鱼则常见长大得慢（水中有机碎屑被虫体滤食），对于刚孵化的仔鱼则很不容易成活（原生虫似乎都有毒素释放于水中），如七彩神仙鱼仔鱼往往腐烂死去。累枝虫也影响观赏（成团），较其他固着类原生虫更碍眼，对养殖有阶段性的影响，也建议清除。可以在裸缸中投入1~2尾中或小琵琶鱼（可吃尽后再移走），以利于之后培养有益的灰白色膜状微生物结合体。

总之，固着类原生虫和其他原生虫，多是因缸中水太肥、有机碎屑太多所致。而固着类原生虫靠对水预防效果不好（它们一旦少量混入，便附着在缸壁等处，待水肥时数度暴发），所以要经常性地保持缸水清洁，尤其是有机物含量不能太多。一般地说，水较肥时，少量不甚碍眼的固着类原生虫可多留些（待有时水太肥时吸肥），否则（水较瘦时），可几乎全洗去。而灰白色膜状微生物结合体可留。

 ## 携带入缸的原生虫等易导致水质变化

淡水鱼缸，不管是动水（包括充气和潜水泵过滤并造流）或静水养鱼，时间久了，尤其是水中有机物含量长期较多，都容易滋长固着类与非固着类原生虫，一旦水中缺氧，原生虫尤其是非固着类的原生虫大量死亡，好的缸水有时水质也会因此而败坏。淡水缸除了添鱼之外，最经常也最有可能带入各种原生虫及微生物的途径是投喂水蚤、水蚯蚓，其次是随水草等带入。这也是缸中微生物（多数原生虫和细菌较难在原有益菌的世界中长期占有一席之地）群落变化的原因。淡水鱼缸中一些原生虫的侵入防不胜防，除非全喂人工饵料，否则容易因微生物群落的变化而使水质变化因素增加，令人难以预料。

（1）在正常情况下，缸中氨和亚硝酸盐含量很低（远未超标），且有机物含量少，除了硝化细菌等消耗去其中大部分外，有机物所剩极少，最多只能满足附于缸壁或过滤缸角落的少量聚缩虫等原生虫生活需要，不易感染其他微生物。偶尔一两天缸水有机物含量高些，则聚缩虫等成倍增长，这也仍属正常，有碍观赏时只要清洗缸壁，对水或过滤，又恢复到原状。

（2）如果鱼缸虽经常对水，有机物含量仍然较多，除聚缩虫大量繁殖外，独缩虫吸管虫也增加，缸壁上方变得不透明，似蒙上一层塑料薄膜，薄膜增厚，刮去后几天又恢复原样。其中仍是聚缩虫等。虽水已不再保持清澈，但有趣的是许多种鱼在这样的环境中，生长良好，小鱼成长迅速。若能长此以往自然不错，但实际情况可变为（1）中所述情况。

（3）若不慎携入某些类型的原生虫，后果将会相当严重。

外观棉花状物，可分"大棉团"和"小棉团"。"大棉团"即小栉台虫，"小棉团"大者如绿豆。两者都很难洗刷和用吸管抽吸清除干净。危害是使水变成米汤状的"白浊"，消耗大量氧气，能加速有机物的腐化速度，使氨含量升高，危及鱼。若缸中一时有机物少，则所有水中有机物被滤食，不利稚鱼生长。

外观植物状或爬藤状，系累枝虫类生物，少时还觉得有趣，多了颇不受欢迎，碍眼又使"水瘦"，对稚鱼危害大，应除去。

某些腐烂细菌和原虫能使水蚯蚓在短时间内全数死亡，造成水质急性恶化而死鱼。此时最好的办法是清缸，用药液消毒（见"清缸的最佳程序"），否则极难铲除腐败细菌。

某些大型纤毛虫（有的是草履虫）和轮虫，能集中攻击水蚯蚓，使水蚯蚓大量死亡，导致与腐烂细菌相同后果，也要用硫酸铜（0.7 毫克 / 升）或福尔马林（40 毫升 / 升）入缸处理。

蓝藻类，与小枏台虫"混生"，使小枏台虫染成深蓝色。它能够适应有机物含量较低的饲养水。但非常有碍观赏，建议用硫酸铜处理。

如果鱼缸光照不强，水呈碱性，发现水突然在短时间内染上暗棕色，基本上可断定感染了三毛金藻。该藻有毒素，应及早处理。处理办法是大量对水，加强光照，不能让水中有重金属离子。

实现鱼缸第二阶段平衡的途径

在"维持鱼缸第一阶段平衡"中，探讨了普通鱼缸中氨和亚硝酸盐含量之所以低，是因为在硝化细菌作用下变成了硝酸盐。所以简单地说，第一阶段平衡的实质是以硝酸盐的增加来维持氨和亚硝酸盐之低含量。而本问题探讨的是如何在不对水或少对水的条件下，把硝酸盐的含量也降下来。一个水体如果硝酸盐等总维持在鱼能适应的范围内，实际上就已达到了第二阶段平衡，如自然界中的湖、池等。

达到第二阶段平衡的途径有三条。

（1）在缸中种大量水草。水草、珊瑚等在生长的过程中把硝酸盐作为氮肥给吸收了，水中硝酸盐含量自然就降低了。如果鱼多水草等少，硝酸盐吸收来不及。有人建议把水抽导到另一光线好的缸中，另养若干水草来消耗不断产生出来的硝酸盐，不少水生植物可直接吸收氨。这种方法是生态性的，只不过要再布置一个缸，操作较麻烦。

（2）定期投放商品光合细菌（为紫红色）。光合细菌在较强的光线下，能把几乎所有鱼缸中的氨、有机酸，甚至硫化氢等废物利用起来，作为自身代谢的"食品"，彻底地改善了水质。光合细菌还可以作为丰年虾仔、珊瑚及鱼虾等幼仔的饵料，很实用。好的商品硝化细菌中应该含有光合细菌。芽孢杆菌等制成的多种微生态制剂，对改善水质效果也很好。

（3）在缸中某处，或者在大的过滤缸或箱中的某处，设立一处至少为鱼缸总体积 1/12（约 1/10 缸水）或 1/6（较小缸）的空间，让其中充满增面物，其中包括细孔珊瑚沙。与水的接触面宜大不宜小，水流通过的速度宜小不宜大（但如果四周通透条件好，也可以不用水流通过）。从理论上说当调节到适当小的水流时，该空间的"两栖反硝化细菌"将起作用。如果光线好，也可能滋生光合细菌，它们能分解水中的硝酸盐等。当然这是一个较新的课题，只能一边摸索一边总结经验。商品芽孢杆菌、乳酸杆菌等微生态制剂，可购来试用，以改善水质，也可加深对本问题的理解与提高实际应用能力。

从理论上说，反硝化细菌应该普遍存在于江河湖海，尤其在底泥底沙中，并且有的反硝化细菌应该在有氧、无氧环境及间歇性有氧无氧环境中均能存活，故称"两栖细菌"。所以如果不是缸中环境太单纯，应该可以自行繁衍出足够量的反硝化细菌。有的商品硝化细菌的说明书中，就标明产品有分解硫化氢、氮的氧化物等功能。有的商品硝化细菌为暗红色（这与光合细菌中的主角红螺菌颜色是一样的），均可购来一试。

活水·"顺水"

狭义的活水是指一个湖池等水体，有天然水注入，同时水可通过出水口外流。活水被认为是"有生命的水体"。

广义的活水是指任何有"吐故纳新"的水体，包括人工盆、缸、池、渠等。活水被认为是在有氧环境中充满生机的水体。

活水和"顺水"有何不同呢？简单地说，在活水中虽可生活着鱼等水生动物，但不能保证其不发大病或不死亡。如亚马孙河某些水域曾有大批七彩神仙鱼病死。而"顺水"里的鱼等水生动物就不会得病，或极少得病。可见"顺水"必定是活水，反之则不然。

降低水硬度的简易方法

硬度是指水中含钙离子和镁离子的多少，当其含有相当于碳酸钙143毫克/升（8°dH）及以上时称为硬水，少于此定值则称为软水。

最简便的莫过于用沸石，沸石可以吸收钙、镁等离子（放出钠、钾等离子），降低水的硬度。一般125~250千克水，用体积60~120厘米^{3}较密实的沸石碎块已足够，可把普通稍硬的井水等降至一般鱼类几乎都可接受的养殖用水。只有鲤科鱼（如斑马鱼类、巴鱼类）基本上不去刻意调节。

蓝斑马鱼

选购适当型号阳离子交换树脂，可把水的硬度降得很低，足以满足需要软水的大多数灯类鱼的繁殖和孵化需要。

储备一定量的天然雨水或空调凝结水，但雨水应经检验并非酸雨的才行，到时储备雨水与平素用水可按2∶1或1∶1或1∶2等比例混合，以满足产卵、孵化等需要。

缸中抽出的带底污的水，经沉淀去污，按上述比例与新水对

潜水艇鲫鱼

掺，搁置 1~2 天后，也可用于需软水的粗放鱼。

把自来水等煮沸，冷却充气半天至一天，可用于绝大部分需软水鱼的繁殖。因水沸腾后碳酸氢钙沉淀，硬度陡降。

养过澳大利亚红螺、纸贝、苹果螺、斑马螺、福寿螺等的水，视时间的长短，硬度将都会有所降低。

有一定化学基础知识的养鱼者，处理硬水可用石灰纯碱法和磷酸钠法（对暂时硬水和永久硬水处理均有效），原理简单，只是要动手（包括计算）获得合适的用量。

繁殖用水的硬度调节

仔鱼的孵化都要求一定的硬度，这也许是养鱼者注意最少的问题。普通卵胎生鱼的仔鱼可以很好地适应普通水质，如各地的去氯自来水。普通东南亚出产的泡沫鱼类及普通亚马孙河的丽鱼科和脂鲤科鱼的仔鱼，也大多数可以适应普通水质。但有些鱼则不然，不调节硬度繁殖基本上终归失败，例如红绿灯鱼、红鼻剪刀鱼，刚果扯旗鱼、金灯鱼等。不过这些需软水或超软水才能顺利繁殖的鱼，其仔鱼在成长的过程中，对硬度的适应能力也加强，到中小鱼时与成鱼一样，可适应普通水质（为繁殖顺利，最好要给予软水环境）。

一般鱼类（除草原鳉鱼外，如贡氏圆尾鳉鱼）的卵在离水潮湿的环境中，并不会死去，而是继续进行孵化，但一定要在卵粒出现眼点之后不久（1~2 个小时之内）移入水中；否则将孵不出仔鱼。如果把普通鱼的鱼卵置于蒸馏水中孵化，则很快夭折，多半在未出现眼点之前便死亡。为什么在无水的潮

贡氏圆尾鳉鱼

湿环境中可正常孵化，而在蒸馏水中却孵化不出鱼？看来只能说明鱼卵内的某些物质在蒸馏水中流失了，以致鱼卵无法孵化而死。如果鱼卵孵化时硬度偏低，也可能无法孵化而死，不过更多的是孵出畸形鱼，常见的是孵出"U形鱼"，即鱼体向上弯曲，胸腹部鼓起（也许系钙、磷等缺失所致）。如果鱼卵孵化时硬度偏高，也同样孵化出畸形鱼，如侧弯、短身或脊椎重叠、口位缺陷等，但更多的却是夭折，孵不出来。硬度过低或过高一般的情况是即使能孵化出仔鱼，仔鱼也不能摄食长大，数天内死去，死去的仔鱼远多于畸形鱼。

那么怎样配制或调节出符合要求硬度的繁殖与孵化用水呢？

（1）如软水来源较方便，可购买蒸馏水。蒸馏水的硬度本应为零，但因容器与操作过程等问题，有可能增加一点点。其次是降雨收集而来的水，硬度多在 $1°$ dH 以下。不管怎样，都要测出其硬度，以备用。

（2）自来水烧开后，往往硬度降低（属正常现象，因碳酸氢盐分解，但各地所含非碳酸氢盐量不尽相同），一般为 $4{\sim}12°$ dH。所以冷开水的硬度不都完全适合于繁殖用水，也要以测量出的数值为准。调配的方法很简单。计算方法：一体积或重量硬度为 m 的水，要调低或调高硬度到 p，要用硬度为 n 的水 $(m-p)/(p-n)$ 份。这里 p 的值在 m 与 n 之间。

（3）去氯自来水的硬度一般比冷开水要高，但同样因软水源和硬水源而异，故也得先测出其硬度以备用。对于耐粗放的鱼，如叉尾斗鱼、曼龙鱼、孔雀鱼等，用去氯自来水效果很理想。

（4）非洲大湖鱼类繁殖用水需要较高的硬度，可在繁殖缸中加少量珊瑚沙。马拉维湖水的硬度大多不超过 16dH，而坦噶尼喀湖水大多不超过 $20°$ dH，且含较多的钠和钾离子。故可在无鱼的含大量珊瑚沙的水中充二氧化碳，以使水中碳酸氢盐增加而提高硬度，经测量其硬度后再加些盐，然后放入坦噶尼喀湖的鱼。当然，如果不指望它们繁殖，纯粹观赏，饲养水可以随便些。我国北方及有些地方井水的矿化度高，可直接使用。

（5）有些鱼繁殖用水和孵化用水可以不一样，例如红绿灯鱼可以在 $0{\sim}1°$ dH 水中繁殖（比较容易），但卵的孵化硬度提高 $1{\sim}2$ 倍没什么问题。而刚果扯旗鱼可以在普通去氯自来水中繁殖，但孵化时最好用硬度低得多的软水。

花花公子鱼（产于马拉维湖）　　　　　皇冠六间鱼（产于坦噶尼喀湖）

 ## 淡水缸简便对水法

　　淡水缸比较传统的对水程序是，断开电源，使动水变为静水，10~15分钟后水中较大颗粒的污物已下沉缸底部；抽水管用长 30~50 厘米的硬质塑料管套入软质塑料或橡胶管，并设法把带硬质管的一端管中灌进足够多的水，管端没入缸水下，水便自流出缸；把硬质管对准底层污物，吸走污物后提起硬质管，加入等量净水并通电。用潜水泵配合过滤箱的缸，缸水澄清，但如果缸中未进入第二阶段平衡（见"实现鱼缸第二阶段平衡的途径"），则还是要抽去一部分水（每次抽去 1/7~1/5 水，视鱼之多少或投饵量之多少而定对水间隔时间），加入等量洁净水，使硝酸盐含量不高于 40 毫克 / 升（即一般鱼能忍受的程度）。

　　如果缸中使用了带水气型潜水泵，缸底无或少有污物可抽，则可利用缸中潜水泵，把水抽到缸外，等抽到 1/8~1/5 时可停止，再让水塔水或自来水自流入缸，隔 1~3 天对一次水。有时也可利用潜水泵把洁净水抽到缸中。要保证缸底无或少污物，必须配备带喷水气头的潜水泵，并且要定期清洗过滤槽中过滤箱入水处的过滤绵和聚氨酯泡沫塑料块。

　　有人把玻璃缸底制成略倾斜，或左右稍高中间低，均有利于污物集中到最低处，便于抽吸。另有人在倾斜缸底的最低处附近装一个出水阀或水龙头。水底污物多时开启阀门或拧开水龙头，污水自流出来，见缸底污物排尽便关上阀或拧闭水龙头。也有人在缸侧壁上方近顶处开1~2个小孔，加水太多则水从小孔外流，鱼缸水深度永不会超过小孔之高度。

形状特殊缸的快速对水法

形状近似于正棱柱的缸，如果要配备潜水泵，可置于缸的一角底部，让过滤后的水从对角的上方流下；如果要配备带喷水气头的潜水泵，则可以置于底部一边的右边，但喷头应指向该边的左边。这样有什么好处呢？这样可以把缸中几乎所有污物都过滤干净，免得去抽吸污物。对水时可让潜水泵把缸中水抽出，再注入等量洁净水。

如果缸中只配一个充气气头，则在一般情况下并无循环死角，污物不大可能集中于一处（也有可能因设置物或种上水草而污物有集中处）。若不见集于一处，则可在停气时搅动缸中水，使水旋转起来，15~20分钟后几乎所有沉淀污物均集中于缸底中央，非常便于抽吸。

形状为长方体（即底部形状近于两个正方形拼合的长方形）的缸，如果只充气不过滤，则污物很有可能会集中于缸底远离气头的某处。如果不集中也没关系，在停气时作"∞"形动作搅动水，使缸水形成方向相反的两个漩涡，于是污物15~20分钟后集中于缸底两个漩涡中心处，便于抽吸。如果污物很快清去，水仍需要再抽去若干，则不必用管子慢慢抽吸缸水，而用不大的塑料水桶等舀取缸水，这样可节约时间，达到快速对水的目的。

鱼缸水坏时应急处理措施

水坏了，水中有机物太多，氨和亚硝酸盐以及细菌的产物也多。氨不但有刺激性臭味，而且能危及鱼的性命。水坏了，甚至开始死鱼了，可又没空立即处理，怎么办呢？可暂时采用如下应急措施（1~2小时之后应对水或清缸）。

（1）立即投入极少量碳酸氢钠（边加边用 pH 试纸测试），目的是使水的 pH 提高 1 左右。因为 pH 越高，氨的危害性越小，但鱼本身对 pH 的变化（哪怕只有 0.2~0.5）很敏感，故 pH 变化太大，鱼也同样受不了。

（2）裸缸可暂时加硫酸铜，量不能超过 1 毫克／升（如果没空称取，则宁少勿多，如按日常用量加 0.7 毫克／升投入）。1~2 小时后应对水或清缸。

若是能适应硬度较高的鱼，则亦可加入少量氯化钙，以无水氯化钙计，剂量应控制在 1.4 毫克／升之内。

（3）淡水缸可用小水桶快速舀去 1/4~1/3 水，再加入等量备用水或自来水（平时最好试过加多少自来水安全）。

总之，在不得已时采取以上三法，但此乃权宜之计，应尽快予以对水或清缸，至多不要拖过 3 小时。

由于氨在养鱼的缸中易被氧化成亚硝酸盐，而食物和水草、菜叶等腐烂也是亚硝酸盐的来源。亚硝酸盐多时（如接近 1 毫克／升），鱼也有不适反应，缸水同样坏了。但这个过程比氨的增加要稍慢些，暂时没空时可采取如下应急措施：①加入 1 毫克／升漂白粉，漂白粉中含次氯酸，反应生成的硝酸或硝酸盐，对鱼的毒性远小于亚硝酸。②加入 1~3 克／升食盐，有阻碍细菌分解有机物，继续生成亚硝酸盐等作用。③与本题目前述氨的应急处理相同（小桶舀水解决问题）。

竹筒清污

竹筒清污是中国金鱼饲养者的发明。古时中国金鱼多用盆和陶缸作容器饲养。备一个手掌可盖住口的较大竹筒，竹筒长度比水深长些，竹节打通。清污前旋转盆、缸水，则底污集中于底部中央。接着手掌盖住竹筒一端，把另一端竖着靠贴缸底污物集中处。骤然松开手掌，水便挟着污物涌进竹筒，此时再把手盖住竹筒，迅速将竹筒移出盆、缸之外，就达到了移出污水的目的。

少对水有招

饲养管理中做到少对水，不但节约用水，而且也省工省事。要使水保持相对清洁不外乎有如下一些方法。

（1）忌过量投喂，宁少勿多，这是避免坏水的最有效方法。

（2）若是静水，则最好水中要有水草等绿色植物，绿水也有相同作用（指吸收氮肥等）。

（3）若是动水，则除种水草外一般都进行过滤，但水中应有足够增面物（包括过滤缸和鱼缸中所有物体与水接触的表面积），以利于尽快达到第一阶段平衡乃至第二阶段平衡。若在缸中种上一定数量的水草（实际上成了水草缸）则更好，可以更长时间不对水。

（4）凡是有足够增面物的缸最好都要加强光照，适量添加优质商品硝化细菌（紫红色），争取达到第二阶段平衡（即反硝化，或让光合细菌等持续分解掉硝酸盐及其他有机物）。

（5）有的高档鱼就是娇气，如宝莲灯鱼、某些卵生鳉鱼与某些七彩神仙鱼，饲养水硝酸盐含量最好在 20 毫克 / 升以下，其他氨、亚硝酸盐也最好接近零。对于这些娇生的鱼只能多留神多对水。而对于曼龙鱼类和叉尾斗鱼等则可粗放些。据有人测得硝酸盐含量超标 10 倍（440 毫克 / 升），一些耐粗放的鱼仍能很好地存活着，令人称奇。这类鱼又何必给它们多对水呢！

吃碎屑的鱼和螺

缸中少或无残饵与碎屑物，是少对水的一个重要原因。小琵琶鱼、小精灵鱼、青苔鼠鱼、鼠鱼、孔雀鱼等，以及斑马螺、苹果螺和澳大利亚红螺等，均是消灭碎屑的好手，可考虑适当养一些。

长鳍咖啡鼠鱼

清缸的最佳程序

如果鱼缸接二连三地死鱼（非传染病所致），经采取措施无大效果，则可以考虑清缸。如果鱼缸的整洁已成问题，普通措施已无法恢复到哪怕是过得去的状态，则也要考虑清缸。

清缸是不得已而为之，相当于人体动了一次大手术。"手术"怎样才能"动"得又快又好呢？方法也许有很多，这里介绍一种一般都可行的最佳程序（分为几个步骤）。

（1）切断电源，备 1~2 个足够大的缸（可用暂养缸），连同即可用的缸水。把所有水草，包括沉木（亦带草）先移出漂洗，再小心置于暂养缸，但不必栽种。若缸中发生过淡水卵鞭虫病，则多半弃草。

（2）如有装饰物，则先清出装饰物，然后清出较大的假山与小石子，边移边洗。无病的缸不必彻底洗净，可留下部分硝化细菌等。

（3）等缸中只剩下鱼和底沙时着手移鱼。用鱼捞网捞出所有鱼，有可能则将好打斗的鱼分开养于两个暂养缸，或有非传染性病的鱼顺便进行药浴等。

（4）清出粗、中、细沙。可用较大水管连水带沙抽到大盆或水桶中，水流走，沙则沉于盆底或桶底。顺便彻底消毒杀菌（药液可用 5~10 毫克/升漂白粉与 15 毫克/升高锰酸钾溶液等）。

（5）用抹布、聚氨酯泡沫塑料块、刷子等刷具洗刷鱼缸，并用水冲洗干净，晾干。

（6）按新缸做法进行铺底沙、布草等，最后再移鱼，但如果过滤系统（尤其是过滤缸）功能未完全破坏，硝化细菌、有益微生物仍大量存在，则可能一个星期之内即可达到第一阶段平衡，即可进行正常养鱼（指正常投喂和缸中可养较多的鱼）。如果过滤系统基本上破坏，则按新缸养鱼（种草）处理。

其他技艺·综合措施

阳台鱼缸光线的调节

置于朝南或朝东南向阳台的鱼缸，要想不遮太阳养鱼养水草等，实际上是不可能的，尤其使用玻璃缸时更难。夏天的太阳晒得阳台发烫，缸中水温可以达到40℃左右，养不了热带鱼。有人认为朝北，至少朝东北的阳台夏天不热，但我国受副热带高压影响的面积大，且如夏至哈尔滨白天长达15个小时，漠河白天长达17个小时。水温高和长日照是藻类滋生的诱因之一，所以中午前后同样要适当遮光。

如果不考虑美观问题，只考虑实用，则可以用任何材料，如木板、布等。如果要考虑美观问题则要购买如下1~2种材料。

（1）专用黑塑料遮阳网：如帘前挂，不必太大。

（2）厚聚乙烯薄膜：两层紧贴玻璃缸外，且用1~2层撑在上方。

（3）聚乙烯泡沫塑料片及大泡包装膜：1~2层，用法与聚乙烯塑料薄膜相同。

（4）半透明塑料板片：用法与木板相同，可起保温隔热和挡光作用。

（5）半透明塑料钢：撑起挡住日照。

（6）其他半透明片状装饰材料和网状材料也可以利用。

不管用什么材料遮光，总的效果应该相同：在夏天晴到多云的天气里从8点至16点，因隔层具透光性而要遮盖3/4~7/8（即让1/8~1/4光线照到鱼缸），其他时间只要遮盖1/2~3/4，这样既能大大减少静水绿水养鱼得气泡病的可能性，又能减免藻害。北阳台不遮光也有藻害。其他季节视情况可让多一些光线照到鱼缸，但因我国基本上是秋温高于春温，春温高于冬温，故遮盖程度也基本与此相适应。

广东、海南等省纬度低，终年都要考虑遮光问题，只是程度有别。理论上冬季可少遮些，但事实上冬季却有稍斜的阳光照到。

 ## 窗前和大厅鱼缸光线的调节

窗前放置鱼缸，对鱼的健康大有益处，无水草的鱼缸更是如此，尤为明显的是热带鱼的繁殖效果和观赏效果（色泽艳丽）均较好。但不是说窗前鱼缸不必调节光线。如果窗前摆着写字桌之类，桌上摆个鱼缸，即使窗户紧闭，光线也可透过玻璃，与摆在阳台的鱼缸所接受光强差不多，这种情况下当然要遮光。

如果玻璃缸可以前后挪动，则当光线太强时，可把鱼缸移离窗户；反之，则移近窗户。玻璃缸若不能够挪移，则可以考虑各种阳台遮光法。另外有一招，即挂半透明的窗帘（布）。还有一个方法，即给玻璃窗贴上半透明的彩印纸、塑料膜、薄白纸等。

大厅的鱼缸有两种可能，一为置于玻璃窗或玻璃壁前，光线相当于阳台和窗前所接受的光线，则按阳台和窗前的遮光办法处理。二为距玻璃窗或玻璃壁较远，这又有两种可能：一种是光线基本上适宜，或稍作挪移、调整（把遮光的其他物件移开等）后光线也很理想；另一种是较暗，即便移位也是光线不足，这时就按室内鱼缸处理。

 ## 饲养水位深浅的确定

这个问题实际上是几个问题的组合。我们最好能精确地了解，某种鱼经常在水面下多深的地方活动，或可到达的最深深度；了解某种鱼在人工饲养环境下，或一般容器中水的最深和最浅深度；最应该知道的也许是某种鱼至少要养在多深的水里，才能生长或生活正常。

对于每一种鱼，上述问题似乎不可能有一组组很精确的数字，但我们可以从鱼的原产地生态环境，以及养殖经验来框定每一种鱼的水体大小，包括其深浅。

（1）经常活跃于水面附近的鱼，可以用较浅的水来饲养。例如条纹琴龙鱼与其缺黑色素品种黄金鳉鱼，还有潜水艇鱼、蓝眼灯鱼等，用深20厘米左右的水位饲养，未发现任何不正常（实际上还可以再浅一些，但水太浅水质变化幅度大，有益微生物含量也少，不稳定因素增加）。不过，这不等于说这些鱼不会到水下50~70厘米的缸底觅饵。如果水面附近缺饵，这些鱼绝大部分无须诱导便能下潜到缸底摄食（水蚯蚓等）。

一些小型鱼虽然活跃于上中下水层，不过对于浅水往往能够适应，如孔雀鱼、月光鱼、琴尾鱼等。

（2）活动量较大或鱼体高度较高的鱼饲养的水位不能太低。例如虎皮鱼、红尾玻璃鱼、彩虹鱼等非常活泼好动，游速快，可养在宽、深的缸中，最好水位高30~50厘米。而像神仙鱼、接吻鱼，鱼体高度较高，宜养在较深的缸中（深超过30~35厘米）。普通较大的丽鱼可以在较深的水中活动、产卵，水深最好为35~60厘米。埃及神仙鱼、七彩神仙鱼在水深70厘米的缸中，并不觉得水太深。紫红火口鱼常在1.5~2米深的水下产卵、护卵。

蓝彩虹鱼

橙斑月光彩虹鱼

（3）较长或较重的热带鱼，要养在宽敞的鱼缸中，且要有一定的深度。如东南亚的金龙鱼类，一般体长60~70厘米、体高14~17.3厘米，如果用高度35厘米的水来养金龙鱼，则水深为鱼体高的两倍，实在太浅了，水深最少要50厘米。如果用1.5米长的缸蓄水60厘米深养金龙鱼，则缸长为鱼体长的2~2.5倍，一点也不觉得缸太大。当然，长1米左右的金龙鱼、银龙鱼的大鱼，最好养在长宽各数米或长超过 10 米的水池里、水深宜 1 米左右。海象鱼的体长可达 4~5 米，体大像大鲨鱼，简直要用一小间房屋让其"住"了，水深要 2 米。几十厘米长的小海象鱼可用小容器和较浅的水，但小海象鱼生长快速，一年便长至 70~80 厘米，因此养海象鱼要备好大的鱼缸。

（4）有的热带鱼繁殖时可把水适当放浅。如斗鱼，因其卵粒常下沉（密度大于水），雄鱼（有时雌鱼也会）把下沉的卵衔上来粘到泡沫中。为便于其护卵，可让缸水变浅些。有人提倡七彩神仙鱼护仔鱼时把水放浅（深 15~20 厘米），以便仔鱼顺利附于亲鱼体上取食。这固然是一种措施，但事实上健康的七彩神仙鱼亲鱼的仔鱼，在水深 45~60 厘米范围内均能顺利附在亲鱼体上（不会游散开）。

（5）一般热带鱼水深应不少于鱼体高的 5 倍。如果有几种鱼混养，则一般要按鱼体较高者来定。如果是高身的品种，如七彩神仙鱼，一般要按鱼体的 2.5~3.5 倍来确定水深度。如身高 14 厘米的七彩神仙鱼，水高一般以 35~50（14×3.5=49）厘米为宜。

保温和降温一法

冬季气温低，房间有暖气等设备对养热带鱼很有利，但热带鱼需要恒定的水温，所以为安全计，养不是耐粗放的热带鱼都要备加热器。闽粤等地区一般无暖气，加热器为养鱼必备之物。水温比气温高，为节能计，就要进行保温。如果温差很大，鱼缸的上、下、左、右和后五面，尽量用厚 0.5~3 厘米的聚苯乙烯泡沫塑料片贴起来，只留下前面供观赏。大冷天缸前面也可以考虑用薄泡沫塑料片或聚乙烯薄膜等遮住。当然，如果讲究美观，1 米多的鱼缸也无所谓节能与否，完全不必去保温。

夏季有的房间气温可达 35℃ 或更高，尤其是顶楼或矮楼，水温常超过 33℃，这时就需要降温。降温的方法一般是夜晚对入低温水，使水温保持在 30℃ 以下，次日白天像保温一样把鱼缸五面或六面"包装"起来。因为鱼缸经"包装"后外部热量就不易传入缸中。

鱼缸不明原因缺氧的奥秘

　　静水缺氧的原因一般都很明显，但动水缺氧的原因却比较复杂：有时甚至过滤系统终日工作，可缸水仍然浑浊，并且多半呈米汤色。此时可见到缸壁上附生着绿豆大小或更小的灰白棉团状物。镜检有大量"小圆球"，有了这种（类）原生虫，缸水将始终保持白浊。这对多种仔鱼的成活率和稚鱼成长速度均有较明显的影响。如果突然停电，则缸水立即变为静水，10分钟左右所有缸中鱼都上浮至水表面，原来水中严重缺氧。奇怪的是，琵琶鱼、青苔鼠鱼、小精灵鱼等似乎不大愿意刮食这种原生虫（有异味），此时只能用药物来治了，可用0.7毫克/升硫酸铜缸内杀虫。

　　另有一种致水蚯蚓死亡的腐败细菌，短时间内能使缸中水蚯蚓死亡并腐烂，使缸水变为淡粉红色。鱼在此种水中将很快死亡，因为氨含量太高，同时水中缺氧（充大气鱼仍浮头，可能引发鳃功能受损）。缸水等均已严重污染，所以还是提倡清缸或全换水，缸物用10毫克/升（鱼只能用1毫克/升）漂白粉液漂洗。

　　上述两种水质败坏显然是微生物造成的，因此要防止感染这些微生物。前者要防采捞河、湖、池饵料生物时带入，而后者应该注意不要把混有少量死水蚯蚓的水蚯蚓及其他饵料投入缸中。未投喂的活水蚯蚓也同样怕感染，一旦发现底部有部分死水蚯蚓，应该立即处理。

红色七彩神仙鱼小鱼自然增色一法

　　既是红色的鱼，就希望能早一点红、红得漂亮，但遗憾的是红色七彩神仙鱼小鱼的红色却"姗姗来迟"。如果小鱼半个月左右离开亲鱼，此后主要食物是水蚯蚓，又未享用过增红饵料，则这些小鱼的色彩就如纸般苍白，一点也不惹人喜爱。若要判定是否是一只好鱼，至少要等3个月后。

　　可以把这些小鱼养在绿水中，并予以充气或过滤。此时即使只喂水蚯蚓，颜色也格外的鲜艳。最难得的是半个月左右，鳍和体侧外部一圈已能见到朱红色或深红色。原因很简单，因为藻类营养全面，维生素A（胡萝卜素）等均不缺，这样鱼的色彩也就早"披上"。在绿水中养1~2个月，换清水后至少可保持1个月，大鱼一般本色不会退去。

 ## 绿水缸中"青皮"与"青苔"的清除

"青皮"是南方城市河道旁，尤其在用石头砌成的侧壁上，常可见到比牛皮纸还要厚的藻类（蓝藻）。颜色为深绿色至深蓝绿色，一般水生动物对它都不感兴趣。

这是在肥水和强光下诱生的藻类。若附着在玻璃缸壁，则像糊上一层厚纸，所以非除去不可。清除方法有以下3种。

（1）待"青皮"（大部分）长厚开始"脱皮"（即自行剥离开容器壁）时，乘机刮除去。但有玻璃胶处较难刮除，如用一团头发来回擦，效果不错。一般要结合清缸，争取根治。

（2）移鱼，抽水，待缸水剩下1~2厘米深时洒上少量洗涤剂或生石灰（注意不能等洗刷完后嫌太脏再加石灰，否则石灰将使玻璃胶软化失效）。待1~2个小时后先吸走石灰水再行清洗。

（3）移鱼、抽水后洒上除草剂或少量一氯醋酸（作为除草剂等用，要防腐蚀人体）。待洒浇全部"青皮"后，过20分钟左右抽水，再清洗。因除草剂都对皮肤、眼等有腐蚀性，操作时要戴手套，格外小心。

"青苔"原指野外树的枝干和岩石上长出的地衣与苔藓类低等植物等。在光线不是很暗的玻璃鱼缸的内壁也有类似的藻类植物，俗称"青苔"。"青苔"多有被鱼、螺、虾等摄食或利用的可能，尤其是各种丝状藻类。要防止鱼缸染上丝状藻似乎只要有好的隔离措施即可。但对于不规则形状、扁平覆盖在缸壁上蓝绿色的"苔"，似乎防也无用，生命力强，即使1~2天无水淹过也照长如故。丝状藻可用琵琶鱼（清道夫）等把它们吃光或基本上吃光，但缸壁上的"苔"只能用琵琶鱼去控制，尤其对有些质地硬者控制的效果不佳，只好如清洗"青皮"一样地人工用刷具去洗。对于须状藻（如刚毛藻属藻类），要用手去拔除；染上蓝绿色刷状藻的水草茎、叶等，一般全部弃去不要。

绿水缸养鱼注意事项

绿水缸养鱼的目的主要有两个，一是为培养色泽较好的热带鱼，二是为繁殖而培养一些种鱼。除了要预防鱼得气泡病外，还要注意以下事项。

如果是要培养色泽好的热带鱼一般都要正常充气。在这种情况下其组合的各种问题基本上与裸缸清水养鱼相同。如果没有终日充气则一般不能用来培养红剑鱼、虎皮鱼、神仙鱼、菠萝鱼等（产卵量较大）鱼群较密、需氧量较大的热带鱼。孔雀鱼、黑玛丽鱼、脂鲤科鱼等小型温和鱼可以混养，但若无充气，总尾数只能为正常缸养的 1/5~1/4。如果不能确定尾数，则可做试验，即在室内正常喂饵后看其 6 个小时内有无浮头现象。如没有出现浮头现象，则在室外有光照或光线好的情况下就不至于缺氧，饲养安全。当然，夜晚（0 点）至天亮一般免不了要充气或造流。

血钻灯鱼（脂鲤科小型温和鱼）

美国九间鱼（脂鲤科中型好斗鱼）

如果白天、夜晚均不充气（造流），则只能培养攀鲈科鱼类，主要有东南亚的接吻鱼、曼龙鱼、珍珠马甲鱼、丽丽鱼、斗鱼（斗鱼繁殖缸水深宜 10~15 厘米）等品种。这类鱼的繁殖缸可以用绿水，但水中不能有纤毛虫与箭水蚤；也可以方便地利用暂养缸作为繁殖缸，但应经常观察。一个大缸最好只有同种的 1 对鱼，小型鱼如小型丽鱼顶多只能有 3 对。否则，繁殖的效果反而很差。不过作为观赏、探讨、试验倒是很有趣味，另当别论。

孔雀鱼、黑玛丽鱼、月光鱼、玻璃天使鱼、珍珠马甲鱼、丽丽鱼等中性或弱碱性的仔鱼，在绿水中生长良好，只要大小规格差不很多，一般也都可以混养，但应不缺活饵。

弱酸性鱼的繁殖缸（繁殖亚马孙河的脂鲤科和丽鱼科鱼），有人也用浅绿水另加少量（0.3%以下）食盐，加盐的目的不是为了调节水质，而是要杀死纤毛虫和抑制箭水蚤等，但绿水有可能被盐澄清。

 ## 池湖养鱼的启示

池塘、湖泊养鱼与玻璃缸养鱼的最大差别是什么？谁都知道，就是水体积大小的差别。然而池塘湖泊可以若干年不换水（清池的两大目的是收获、放鱼苗），也不愁氨、硝酸盐等含量过高，甚至在养鱼的前期和中期还要施氮肥等，有的至今仍注入一定量人畜粪尿等，以促进池湖中单细胞藻类和浮游动物生长和繁殖。如多种水蚤都可以单细胞藻类为食，而水蚤是几乎所有淡水鱼都感兴趣的食物，营养高，生物链短。难怪池湖均不投或少投喂颗粒饵料，鱼却照例肥大。有时池湖之水色并不很绿，浮游生物量很少，但大量施肥后鱼却安然无恙，我们不得不怀疑池湖底泥等有"怪物"，它们可以有极大的缓冲作用，可以在短时间内"吸附"调节所施有机肥料，为单胞藻提供较长时间养料；此外，其作用还相当于水产养殖目前广泛推广使用的微生态制剂，可在短时间内净化水质。硝化细菌可以氧化氨和亚硝酸盐，底泥及光合细菌等可以同化有机物并脱氮脱硫，具有一般硝化细菌不具备的本领，通俗地说就是底泥及活性细菌等既"吃"肥料又分解有害物（反硝化脱氮、脱硫等）。

这对我们有何启示呢？

（1）水质差时的确可用商品微生态制剂，如果量足够，再增加光照强度或时间，一般不换水就可以改善水质。

（2）除观赏外，绿水养鱼远优于清水养鱼。绿水可吸肥，所以可使淡水缸水质稳定。

（3）池湖底泥对净化水质有奇效，其机理虽未详知，但可以确定其亦为反硝化细菌的温床。在过滤缸或过滤箱中水流缓慢的一隅模拟或置些池湖底泥，同时添加芽孢杆菌、乳酸杆菌、双歧杆菌等复合微生态制剂，并适当增加光照，想必可有一定的反硝化作用，不妨一试。

怎样让鱼长得快长得好

一般认为，要让鱼长得好，必须具备5个条件：良好的水质、充足的氧气、上好的饵料、较低的密度、适当的水温。

（1）一般认为水的氨含量、亚硝酸盐含量和硝酸盐含量越低越好。从理论上说，并无错误。但在实际饲养中将会发现，含有微量亚硝酸盐（0.03毫克/升以下）和少量硝酸盐（3~5毫克/升），对许多耐粗放的鱼更有好处。在这样的水中，病菌等难以"兴风作浪"，鱼基本上无病，长得健壮。当然，水质良好的观念还包括适合各种鱼的酸碱度和硬度。不过，这些指标有一定弹性，超过原产地常值不多问题不大，鱼的适应性很强。如七彩神仙鱼，经多代养殖后如今对水已不那么挑剔，酸性、弱酸性和中性水均行，在弱碱性水中生长也不错，且颜色更好些。而饲养非洲大湖鱼，不少人并不给它们调高硬度和酸碱度，但这些鱼多半能撑很长一段时间（不死），有的适应后还能迅速长大。又如缺氧和高氮水对不少种鲇鱼影响较小。

（2）动水养鱼一般氧气供应很充足（这正是百年之前人们的梦想），但美中不足的是缸中水有部分或一大部分为竖直方向流动的，这就不太自然了，至少会影响鱼的正常生活。我们希望尽可能地在水平方向流动。怎么处理可使水尽量变为水平方向流呢？一是提倡用潜水泵而不用立式过滤器；二是潜水泵带动的过滤系统若无密封，则吸入端和流出端（过滤后）要隔得远些，且使水水平流入缸中。对于以充气为动水动力的，则最好配长形气石条，让微细的气泡成绒状上升。办不到时只好让气石置于缸的左侧或右侧底部。

（3）对于"上好饵料"的理解应是营养全面、新鲜无变质，鲜活饵即为"上好饵料"。以前饵料只在乎是否鱼所必需的氨基酸种类全面，是否氨基酸种类配比适当，是否维生素齐全。现在对于鱼的营养有了一些新观点：一是甲壳纲、节肢动物营养极全面，如虾、水蚤、磷虾等，尤其是鲜活饵。二是绿色植物的养分极为完备，如果鱼能接受（设法让它们接受）一些绿色植物，不愁鱼长不好。三是从生态观点出发考虑问题，不要把鱼缸中的"青苔"与其他并不丑陋的"绿色物"一味实行"三光政策"，因

为那样对鱼的健康绝无好处，且增加了很多烦恼，又浪费了宝贵时间。

（4）鱼在较低的密度条件下，肯定比在高密度条件下的要长得快长得好，但并不能说饲养鱼的密度越低越好（鱼长得越快）。事实也许令人费解，鱼在水质、氧气、营养、水温等四者都正常的情况下，密度越高长得越快，这个范围不算小，但一超过就走向反面。

（5）鱼需要适当的水温，并且还因鱼品种的不同有很大的差异。现在最普遍的观点是热带鱼也怕热，"热水"（如对于神仙鱼大于或等于30℃）养不好鱼，"热水"中养大的鱼繁殖力低或不繁殖，尤其是雄鱼；鱼颜色偏淡偏白，不如常规水温下养大的鱼。从节能、延长鱼的寿命和养出色泽好的鱼角度出发，宜"中温"饲养热带鱼。养海水鱼，一般控温在25~27℃，故温度这个问题并不突出。

水草缸中养七彩神仙鱼

小七彩神仙鱼养在调节好的水草缸中，长得特别快，成鱼后配对和繁殖都非常理想。美中不足的是，许多七彩神仙鱼品种，如大豹点七彩神仙鱼、双嘴网纹七彩神仙鱼、红富士七彩神仙鱼、珍珠鸽子七彩神仙鱼、白鸽子七彩神仙鱼等品种身上出现小黑点，被称为"黑沙"。究其原因，一般认为是水草灯光线较强造成的。

大豹点七彩神仙鱼（左）、双嘴网纹七彩神仙鱼（右）

水草培育·管理要诀

 水草缸造景技艺

有不少人经过一段时间后，觉得自己原先的水草缸太小或布置得太简单，很自然地希望"以新代旧"。要拥有一个自己满意的水草缸并不难，只要按以下步骤操作就行了。

（1）广泛参考优秀的水草缸，记取它们的优点（如某种水草与其他水草的搭配效果）。

（2）自行设计或"打腹稿"，但要结合实际条件，所有材料、水草品种等均能购到。鱼缸造型与大小也按自己的意图，可请制作商加工。

（3）旧缸物品能用的经洗净后留用，不够的部分补购（暂时购不到可等待，最好是干的未使用过的，否则可能带传染病菌等）。水草和鱼要分开（鱼和草最好几个地点买的就分开几个缸）暂养，并经硫酸铜溶液（1毫克/升）、福尔马林（40毫克/升）快速漂洗并过清水。这一点很重要，否则将危及原缸中的鱼。

水草缸（梦幻亚马孙，小野友资制作）

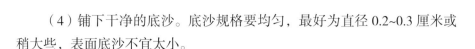

（4）铺下干净的底沙。底沙规格要均匀，最好为直径 0.2~0.3 厘米或稍大些，表面底沙不宜太小。

（5）布置石景、电器、装饰物等，均按常规方法。

（6）加水，先植低草后植高草，按原先设想进行。

（7）开动电器试运行，不妥处可做些挪移处理。冬季加热器工作是否正常为检查重点。

（8）等一切正常后，可把暂养 1~2 周（怀疑有淡水卵鞭虫病的至少要隔离 3 周）的新水草、沉木和鱼捞移入缸。

（9）水草种了一段时间，尤其是光照足够，刚整理过、上过基肥的新启动的缸，草长得又快又密又长，应拔去老的、大的，种上小棵的，或种上草的上半截（如大宝塔、红蝴蝶等水草）。但整理重栽宜分几部分（即分批）进行。水草缸最适合养脂鲤科与鲤科小型鱼。

金蓝三角鱼

大红剪刀尾波鱼

（10）整理重栽也要有长远规划，心中要有一个较长远的蓝图，如某处宜添某种新水草，可乘整理重栽时顺便进行。要想新添或增减某些水草缸装饰小艺术品，也可以待方便时进行。

 ## 淡水水草缸快速对水法

水草缸对水是有必要的。如果鱼多水草少，实质上管理方法应近于裸缸养鱼；如果鱼少水草多，时间久了，尽管有过滤系统和充二氧化碳，但因种着水草，底部复杂，也有污物。若种上一片矮小致密的地毯状草，污物可能不易清理。因此应尽量稀植水草或把水草种成条带状，以便于用水草缸专用喇叭头抽水管进行吸污，这种吸头不会把水草、砂石等吸走，较适用。鱼少水草多的缸还有施肥问题。一般总是对完水后添叶肥，而施大量基肥前往往要把水先暂抽到别的容器里，待加好基肥（埋于沙中）后再把水缓缓地注入（不能用水桶之类从上面倾倒下来）。

鱼多水草少的缸如果有过滤，可以1个月抽一次污物，但必须每2~3天就用小水桶舀去3~5小桶缸水（视缸之大小加减），添上等量的洁净水，这种对水的确快速，目的是"减肥"，以免缸中氮素、磷素太多而滋生多种藻类。久不对水对鱼的生长也非常不利，不要以为水够澄清，其实鱼多，缸水积累的废物（硝酸盐等）很快就会超标。也不要以为种了水草就可以吸收尽缸中氮素，鱼多水草少，吸收相当有限。若无过滤则最好有意使缸底沙面有1~2处凹坑，以便于抽污物。

水草多鱼少的缸如果无过滤，则除了应用水草缸专用抽水管外，更重要的是应规范种植水草，就如稻田插的秧苗一样（可以进行耘锄），水草之间要留出水管进出自如的空间，如此也便于水草的日常管理。

水草——仔幼鱼的"庇护神"

水草的主要用途是供观赏，辅助用途有吸收水中的氨和硝氮，这一点很重要。水老化了（或称水坏了），就是因为硝酸盐含量高。金鱼藻可作为鲫鱼、金鱼的食物早为人所知，热带鱼在食物短缺时也可用水草来充饥。水草也是一些鱼（如虎皮鱼、卵生鳉科鱼、彩虹鱼等）产卵的场所和卵粒的载体。此外，水草还是仔幼鱼的"庇护神"。

俗语说，"大鱼吃小鱼"。有任何时候都不吃小鱼或卵粒的大鱼吗？极少！珍珠马甲鱼雌雄鱼对自己的"子女""仁慈之至"，对其他小鱼也能"网开一面"，但不少成鱼对非己的浮性、沉性卵却照吃不误。雄鱼吐泡沫筑巢时甚至可以把小鱼（包括珍珠马甲鱼小鱼）啄死，饥饿时当食物吃。不过，只要在缸中多种些水草，形成"水草屏风"，情况就大不一样了。这样繁殖或非繁殖的鱼在一定程度上便能相安无事，行繁殖的鱼，就能较安心地去产卵或护卵，免得经常去"驱赶无赖"。玫瑰鲫鱼等不吃卵和仔鱼，但也要有茂盛的水草。

玫瑰鲫鱼

在一个中等大的鱼缸（蓄水重为 125~250 千克）中央，投一束重物系的水草，水草向上生长到水面附近，形成颇茂密的一圈水草层。笔者曾在这种缸中投入 8 尾小鱼（均不是捕食性鱼），只记得其中有 2 对是不顶大的玫瑰鲫鱼，以水蚤和水蚯蚓为饵。1 个月后出现了奇迹，缸上部水草丛中有五六百只幼鱼，大小有两种规格，花生般长和黄豆般长。事后思考觉得有两点怪，一为长 3 厘米多的玫瑰鲫鱼顶多不超过半个月便能繁殖，二为几百尾玫瑰鲫鱼仔鱼为什么不会被 8 尾大鱼伤害，实际上在此缸也从未见过大鱼追赶幼鱼。由此得出一个结论，水草有时所起的作用等于让鱼回归大自然，并使鱼缸的使用空间成倍"放大"，仔幼鱼会找水草丛掩护自己。

卵胎生的剑尾鱼、月光鱼、玛丽鱼及孔雀鱼类，大雌鱼总会或多或少有意无意地吞食仔鱼。但如果缸中有浮于水面的密集的水草丛，雌鱼必定躲到水草丛中产仔；刚生出的仔鱼也多半能依附停靠在水草叶茎等上，不使自个儿在落下水底的过程中或落在缸底空旷处而被吞食。仔鱼鱼鳔充了气能正常游动时，仍"以草为家"，直至充分成长后才与大鱼为伍。

丽鱼科鱼仔幼鱼因大鱼保护的程度不同而表现不同恋草性：保护好的仔幼鱼恋草性差，保护较差的仔幼鱼恋草性强，善于自我保护。

另外有一种"懒惰"的法子，变裸缸为水草缸，即把水草栽在小盆子里，再置于鱼缸或水草缸中，可以保证底沙不易变黑。小盆里的沙若需要更换，也很容易。小盆子可以随意挪移，水草更换也特别容易。

延长底沙使用时间的技巧

淡水缸底部一层小卵石、砾石或粗沙，在都不种水草的情况下可以把过滤后的水导入缸底沙层之下。最好沙底部要有接到排水管上的排水板，至少排水管也要有多个排水孔，以使水较均匀地排出，并往上流。如此安排的实质是把底沙层变为缸内过滤系统。

如果缸中种了水草，则排水管或排水板应距水草根部有一小段距离。如果刚好在草根部下方，则沙层应该较厚（5厘米左右），且排水口应向着水平方向而不能向着草根。

此外，要定期对水。对水前暂时断开电源，过数分钟，用喇叭口吸管把沙层可能积污的地方和水草遮盖较密处的下方都吸一下。这样底沙一般能长久保持清洁而不需更换。

水草缸的妙用

水草缸除观赏作用外，还有些奇妙的用途，前提是缸应足够大。

（1）可以作为最理想的护卵缸。水草可作为卵胎生鱼类、产挂卵的卵生鳉科鱼和彩虹鱼类的理想产卵场所；还可以作为卵生鳉鱼等某些卵生鱼的连续产卵及孵化和育仔、幼鱼的场所。

（2）可作为多种丽鱼科鱼的产卵场所，及其亚成鱼的理想配对场所。水草缸中环境比较复杂，各种丽鱼很容易找到各自较为合适的产卵地点。

（3）有些需碱性水质才能繁殖得好的鱼品种，在水草缸中也能繁殖得好。如橘子鱼，配对后"挖"个坑，产绿色卵。

有趣的丽鱼配对

在较大的装饰复杂的水草缸中，如果有多尾多品种的丽鱼都进入成熟期，水草缸将热闹非凡，最终总是一对对占领了水草缸中的各个"山头"。例如菠萝鱼最强壮的1对会占领最大的石头，尾鳍最长的个儿最大的1对神仙鱼会占领最大的倾斜板砖，最靓的1对

红肚凤凰鱼

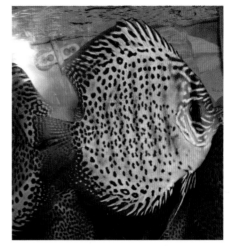

红点绿七彩神仙鱼

红肚凤凰鱼会占领缸中唯一一个平置的大笔海，而配对后的红点绿七彩神仙鱼用武力宣称拥有一侧缸壁玻璃的"主权"。更奇怪的是，虎纹神仙鱼与虎纹神仙鱼配对，"黑仙"（墨神仙鱼）与"黑仙"结为"山盟"，天子蓝七彩神仙鱼的配偶还是天子蓝七彩神仙鱼，而唯一一对万宝七彩神仙鱼，虽然雌鱼略小些，但并不妨碍它们结"秦晋之好"。难怪有的生物学家感叹：维多利亚湖12000年进化出300种丽鱼，而无杂交鱼，只有丽鱼科鱼做得到。

 ## 水草滞长与腐烂的原因

水草不长、长得慢，甚至腐烂，原因甚多，主要有以下几个。

（1）水温太高（大于28℃）。有的水草水温不宜太高，如羽毛草、青荷根、网草、喷泉草、苹果草、黄金钱草等。

（2）水温太低（15℃以下）。有的水草低温长不好，如艾克草、大宝塔、紫百叶、大簀草、大水兰、小浪草等。

（3）二氧化碳缺乏。许多水草正常生长需要足量二氧化碳，如血心兰、黄金钱草、苏奴草、红蝴蝶草、艾克草、椒草和水榕等。

（4）光照太弱。有的水草正常生长需要强光，如多种皇冠草和蛋叶草、椒草、扭兰等水兰类草、荷根类草、大宝塔、红柳等。

（5）光照太强。有的水草正常生长需避强光，如莫丝草、网草、铁皇冠草、珍珠草、小卷浪草等。

（6）氮肥缺少。除蓝藻之外，水中植物均需可直接吸收的氮肥，缺氮肥常引起水草"色淡"和"黄化"、叶小，长不长。一些叶绿而大、生长迅速的水草特别敏感，如罗贝力草、百叶草、枫叶水萝兰、水兰类草、大卷浪草、新青叶草等。

（7）磷肥缺少。缺磷肥的水草往往叶色深而无光，叶等"失绿"，植株变形，不开花结果。小柳、叶底红草、绿宫廷草、牛顿草、狐尾藻、金鱼藻等缺磷时均会降低观赏价值。

（8）钾肥缺少。缺钾肥可引起水草叶具色斑，芽叶等"白化"，枝芽少、分蘖减少等。扭兰、紫百叶、红柳、红菊花草、荷根、大宝塔等均易出现上述缺钾症状。

（9）缺其他养分。缺铁、镁、钙、锰等时，虽不一定滞长，但往往变色、失红等，失去"风采"。

水草缸的"减肥"与"加油"

水草缸水太肥，叶大节长枝壮，往往会诱生不易消灭的刷状和须状藻类，有时水太肥也意味着硝酸盐含量太高，鱼承受不了，"莫名其妙"地死去。怎么办呢？最有效的解决方法是少施肥，少投饵，密植水草，降低水的肥力。不得已时可对些水。

水太瘦，可能施肥太少，有鱼的缸投饵不足，导致水草长得慢或干脆不再长，叶无光泽或有白斑、侧芽减少等。此时，要"加油"，方法不外乎要添加基肥（添入沙中）、液肥，多养些鱼并正常投饵；拔去状态不好的植株，添加些长势好的水草；多留意光照、水温等。如此可使水草再度繁茂可人。

水草缸藻类的控制

裸缸可以直接投硫酸铜，或硫酸铜加硫酸亚铁（按 5 : 2 比例），前者剂量为 0.7 毫克 / 升，后者硫酸铜 0.5 毫克 / 升加硫酸亚铁 0.2 毫克 / 升。12 小时后对水 1/3~1/2，裸缸还可以投入较大规格的琵琶鱼，把缸壁"扫除"干净。水草缸滋生固着藻类比裸缸发生藻类要麻烦得多。

首先对诱生寄生藻类的原因要有所了解。一般说来，水太瘦、阳光充足的水草缸，容易诱生蓝藻、红藻和绿藻的一些种类及浮性藻类（如水绵）；水太肥（硝酸盐含量高）、光线太弱，容易诱生褐藻，褐藻（往往铺天盖地），使水草生长缓慢，甚至死亡。动水瘦水，容易诱生绿藻中基枝藻等须状藻类；动水肥水，容易诱生红藻中刷状与撮状藻类。静水高温，容易诱生漂浮性丝状藻类；静水低温，容易诱生丝状藻类、覆盖性短绒状藻类。肥水高温，容易诱生"绿皮"；肥水低温，容易诱生"绿霜"和水网藻等。

因此，水草缸的水质要不肥（硝酸盐等含量不高）不瘦（一般水草可生长良好）；温度要不高不低（20~28℃）；光线要不暗也不太亮；水流不能太强；过滤与硝化系统要健全〔最好还要达到第二阶段平衡，即硝酸盐含量不再随时间延长而增加，稳定在某一个范围内（＜40毫克/升）〕。但即便这样也不等于就一定不发生固着藻类。经验告诉我们，此时还可以生长数种挂飘性绿色丝状藻，但这并不可怕了，可以用排笔、油画笔、牙刷等"工具"把它们清除掉。

此外，还要杜绝传染源。这对控制一般藻类的发生能奏效，但对一般低等蓝藻基本上无效。

缸中养几只小精灵鱼与 1~2 只小琵琶鱼，对抑制缸壁与水草上的附生藻类有一定作用，养些小虾的作用也不小。

应急措施·器具维修

 防范突然停电的措施

停电对热带鱼是致命的。首先是电器停止工作，缸中动水变成静水，在动水中可以养很多的鱼不至于缺氧，一旦停电这些鱼因氧气供应不足，最后几乎全部窒息死亡，或仅剩下新陈代谢最慢的几尾弱鱼及攀鲈科鱼。其次是加热器停止工作，水温下降。如果缸小则水将很快冷却，鱼的生命也会受到威胁。

遇到这种情况怎么办？

宽缸养少量鱼固然有一定防范作用，但这鱼缸利用率太低。最好的办法是配备一台交直流两用增氧机，或配备一个中等容量的电瓶，再置一台逆变器，按说明书接好电源、电瓶和输出接到用电器（主要是产生动水的电器）的线路。这样如果停电，电瓶自动开始输出电能，并由逆变器升压为220伏电压，因而用电器仍然可以正常工作很长一段时间（视负载的瓦数多少而定），既方便又安全。不过，这只能满足养鱼不很多的家庭应急需要。如果家庭养鱼规模很大，或是一个小养殖场，则最好配备一台小型汽油或柴油发电机，这样可大大降低停电风险。

 慎防加热器故障

加热器使用寿命为一年或几年，一般价低的使用寿命短；价高的质量好（触点处镀银较厚，零件好，密封好），较耐用。如果往日控温28℃，突然发现温度升高，一般来说这个加热器已不能再用，否则将会烧死鱼。有时缸水突然变冷，最糟糕的是电阻丝断了不通电。对于用了很久（超过

1年或几年）的加热器也须时时警惕，最好尽早以新替旧，以免出事故。

玻璃管中的加热器控温的双金属片要处于水下位置，不然只一半位于水面之下，加热器会将水上方空气的温度作为指示温度来工作（多半是工作个不停，使水温升得太高）。

加热器正在工作时，禁止水位升降，尤其是水位下降会使玻璃管破裂或爆断，所以加减水时要先断开电源。

要养成习惯，每日早晚检查加热器等工作状况，发现问题及时处理。要减少加热器管爆裂现象发生，最好选用防爆加热器。

充气泵故障的维修

充气泵有两种，一种是皮老虎式（又叫风箱式），另一种是空气压缩机式。普通所谓单泵、双泵讲的都是前者。这种充气泵比较容易出故障，故障的原因多半是易损零件坏了或破了。

其一是皮碗破了。这将使空气无法输入并被压缩，因而气头无气放出；对此，修理比较简单，只要修补好皮碗，或换上一个新的。

其二是进气阀或出气阀的薄橡皮破断或橡皮穿孔。修理办法是剪一小块形状相同的薄橡皮（可用旧橡胶手套或塑膜铝膜等）换上即可。

其三是方形磁铁因太热而退磁。同样也可以换一个新的。若是另一种型号，则大小要基本相近的，用502胶水等把寻得的磁铁块粘到原磁铁的位置上。

发现电源未切断而充气效果不佳时，定要拆开充气泵检查，否则定将酿成事故。对于大的缸一般可置两块气石，并且这两块气石的气最好来自不同的气泵，这样有一个气泵出故障时另一个照样充气，可基本上杜绝事故的发生。

突然停水时应急措施

与突然停电一样，有时也突然停水，不过多半可能因故未接到有关方面的通知。既然已停水，备用水就显得很重要，一般用于不得不对水的缸或彻底清缸时鱼的暂养。对于一般无大问题的缸，可以少喂或不喂食，同时加强过滤。只要不喂食，水中因少了当日的排泄物一般能保持正常的水质指标（氨、亚硝酸盐等），这样坚持2~3天并无大问题，但仔鱼、幼鱼则应适当投喂，该对水的要启用备用水。

如果无备用水或备用水已用完，缸水很糟糕怎么办？除小心采用常规水坏时应急处理措施外，还可采取如下一些方法。

（1）抽去底部所有影响水质的污物（包括粗沙、砾石下的污物，用喇叭头的管抽取），在过滤箱中增加过滤细沙，更换或增加活性炭包，加强过滤。

（2）注入适量含光合细菌的商品硝化细菌（紫红色）液体，或注入适量某种微生态制剂。

（3）"挖东墙补西壁"，小心清除污物后添加些其他水质较好的缸中的水。有鱼病的缸水不可动用，以免感染。

谨慎起见，可以少投喂或使缸水温降1~2℃，并暂时减小照明等电器的瓦数，让鱼更安静些，待送水时再恢复正常管理。

 ## "断炊"时应急措施

对于中小鱼，几天不投饵无大问题，大鱼更无"断炊"之说，有时还有意断一两天炊。问题较大的是刚孵化的仔鱼，如果今天要投饵却没了饵料就比较难办。对此，有如下应急措施。

（1）走访鱼友或求助鱼协会，寻求帮助解决。

（2）试用蛋黄粉充饥，并适当充气，但蛋黄易臭，不多于半天要抽去底部一层脏物，然后加一些水。

（3）用鲜鱼块等打浆投喂，辅以充气对水等。

上述后两种措施对所有仔鱼不一定都有效，且为权宜之计。多数仔鱼的食物以草履虫、小灰、小水蚤、小轮虫等为主；玻璃拉拉鱼和玻璃天使鱼等的仔鱼小，应辅以绿水（即单细胞藻类）或蛋黄粉。

对于丽鱼科的多种中鱼成鱼，饿慌了将饥不择食：神仙鱼可吃饭粒，地图鱼可吃菜叶，七彩神仙鱼可吃水草缸的嫩叶细茎。不一定都要喂时尚

大蓝圆七彩神仙鱼

饵料（水蚯蚓、水蚤或专用颗粒饵料），也可喂些生或熟的蚬肉、贻贝肉（用打浆机稍打碎），有许多鱼（至少有一半，如斗鱼）喜食。"断炊"有时可变为"改膳"或"小加油"，未必是坏事。

至于大型捕食性鱼，更不愁"断炊"，如龙鱼，尤其是银龙，对所有昆虫的成虫和幼虫都有兴趣，也可用皮虫等鸟食，不一定天天鱼虾和瘦肉。如果怕麻烦两三天不投喂也无大问题。

 ## 一段时间无法亲临鱼缸怎么办

出差、旅游家中有人照顾热带鱼，一般问题不大，此种情况不属"无法亲临鱼缸"之列。一段时间自然不能太长，应不超过两周为好。有人可能觉得这不是"老生常谈"吗？许多本书里写的都是"坚壁清野"，让鱼"修炼"几天"辟谷功"。这么做固然也不失为一种方法，但并非最佳方法。以下介绍几个具体措施。

（1）视养鱼量的多少，可给足半天至10天左右的活饵，检查确认动水设备工作正常后可"扬长而去"。因为养鱼多时，正常投喂第二天要对水若干，但如果只给不到一天的饵量，则水到次日仍可不对，第二天之后因未投饵，一般不对水问题也不大，只怕有鱼意外死去而造成连锁反应。

而若很大一个动水缸，尤其是绿水动水缸，养鱼极少，鱼增至几倍甚至10倍仍可正常饲养，则给足几天甚至10天饵（一般只能是水蚯蚓），有何不可？不过水蚯蚓应该无污染，否则2天后死去，同样殃及鱼，但投2~5天饵应算留了余地。

（2）有附生藻类和"青苔"的缸，除按上述的做法外，若缸中养黑线铅笔鱼、玛丽鱼、孔雀鱼之类，可适当少给活饵（水蚯蚓）。

（3）七彩神仙鱼或大型丽鱼中鱼和中型丽鱼（如地图鱼、得州豹鱼、菠萝鱼等），在缺食时有素食充饥的习性，可在缸中临时增加些盆栽的嫩叶水草（藻类更好），供水蚯蚓被吃完之后食用。如果没有水草，可设法获得一些芜萍与小萍，洗净后投入缸中。但若找不到萍不能用青菜代替，以免青菜腐烂引起意外（如亚硝酸盐骤然增多）。

（4）现在有自动投饵机出售，有条件者可购置。现代科技成果为养鱼者提供了许多便利。

（5）无论如何（投生饵、素饵的多与少等），均应考虑到鱼缸是否可以承受多日不对水的考验。如果觉得可能有些问题，则可以少投生饵与素饵，并借此机会"维护生化系统"。如果鱼缸早已达到第二阶段平衡，则可少量投喂后放心离去。

（6）不健康的鱼要另缸养，不很安全的充气泵要换新的。用久了的潜水泵也要换新的，并适当升高水位（5%~10%），一切以安全为中心。

（7）如果缸放在阳台且较大，不妨有意使水变绿（可到无病池或绿水缸中取若干绿水掺入缸），且可适当少遮阳，提高动水系统的安全可靠性。

（8）如果家中有暂养缸等，可暂时蓄1/3~1/2原缸水，然后再添满净水。若净水系自来水，则应提前1~4天办此事，并且水一添完毕就充气。临走前按大小缸的体积比例分配原缸鱼只。若是原缸已达到一级平衡（硝化系统健全），可按两倍体积的（权数）比例分配鱼只（鱼多1倍左右），这样做的目的是降低风险，以免出事故。

繁殖技巧·仔鱼饲养

哪些鱼可在大缸中繁殖

卵胎生鱼类的仔鱼，一出生就有规避危险、保护自身的本能，尤其是孔雀仔鱼、月光仔鱼，更具"隐蔽意识"，喜躲在水草丛中。因此我们可在有卵胎生鱼雌鱼的大缸中，置一大团密实水草，让仔鱼在中间出生，挨在水草上让鳔充气，数小时或半天后便游动自如（不会下沉）。但此后最好还是把仔鱼捞移、吸移另缸养，更为安全，长大得也快（因可大胆觅食）。

黑金孔雀鱼

塑料篮子可作为卵胎生鱼的"产仔"临时处所

一块 5~2 目（孔径 0.288~0.720 厘米）的铝丝网，
卷成圈立于缸底也是卵胎生鱼理想的"分娩"处所

吐泡沫的曼龙鱼等雄鱼大多比较强悍，可以在大缸中护卵护仔鱼，但仔鱼开始觅食而离开泡沫巢时应吸移仔鱼，否则将被其他鱼吞食。珍珠马甲鱼、斗鱼等如果雄鱼大而强悍，也能护仔鱼至它们开始觅食。如果雄鱼不强悍，一般很难护得住卵，多半被吃，有时卵被其他鱼夺去护理。

丽鱼科鱼行配对繁殖，在大缸中占领一方的一对丽鱼如果总体战斗实力强，别的丽鱼或其他鱼照例不敢接近，则仔鱼就没有什么风险。但仔鱼能自游觅食 3 天后，尽管有集群性，大鱼又护着，但因缺少微细饵料而难以长大。因此，应该用畚捞或吸管等捞移出，最好还是在仔鱼未上浮游动时设法赶开大鱼，虹吸出缸，或把卵板取出，置于孵化缸。此法也可用于水深 1.5~2 米的大缸中采集较大型和大型丽鱼的仔鱼。

非洲口孵鱼类（如血艳红鱼、非洲王子鱼等马拉维湖口孵鱼），强悍的雄鱼常占领一个有利地形，周围有较大的"势力范围"，不允许除本种成熟雌鱼以外的其他鱼进入这个范围。配对产卵后一般由雌鱼把卵衔在嘴里。当水温为 28℃时，普通品种约 10 天后可见雌鱼在僻静处把仔鱼吐出，其他鱼游近时往往又把仔鱼吸入口中。因此应该在不使雌鱼受惊的情况下，在 7~8 天内把口孵仔鱼的雌鱼捞出大缸，设法让雌鱼全部吐出未能自由游动的仔鱼，而把雌鱼移回大缸。仔鱼无卵丝，沉于水底，2 天后与普通非口孵鱼的丽鱼仔鱼一样，游起而集群，只是个头稍稍大一点。

血艳红鱼　　　　　　　　　　　非洲王子鱼

　　对于产无黏性卵的一般卵生鱼类，可以在大缸底部垫一块或几块5~3目（孔径0.288~0.480厘米）的不锈钢网等，但应设法不让鱼游到网下。产卵后可把网下鱼卵用虹吸管吸出来，吸去杂物后置于净水中，调节好水温让其孵化。

　　对于产有黏性卵的一般卵生鱼类，虽可如法炮制，但应在缸底部先垫一块玻璃或其他平板之类，中间可置水草等集卵物，再在上面垫5~2目（孔径0.288~0.720厘米）网；产卵后把玻璃等取出另缸（调节好水）孵化。对于产黏性卵的鱼，还可在水面下置密集水草收集卵。产挂卵的彩虹鱼类、条纹琴龙鱼、蓝眼灯鱼等要有浮性密水草，如果卵量大，可移出大鱼；若卵量小，一般产后即可取出草另孵。

 ## 种鱼培养忌高温

　　一般小热带鱼经几个月的精心照料，总会长成大鱼，且绝大部分均能发育成长，但产卵不产卵、能否使卵有较高的受精率却不一定。卵的孵化率、仔鱼成活率与优秀率等与种鱼都有一定的关系。因此，必须重视种鱼培养。

　　一般作为观赏性饲养的热带鱼，水温可以随便些，只是高水温鱼易老化，但若指望它们繁殖出小鱼，就要忌高温。高温的概念对于不同的鱼种虽不尽相同，但也容易把握。如果原产地的水温平均为25~26℃，那么，把水温提高到30~31℃来饲养就有问题，有问题不是说一律不产卵、受精，而是与常温繁殖比不理想（大多挺糟糕的）。不要以为亚马孙河是标准的热带河流，水温总是30℃以上。要知道亚马孙河流域及河岸边是热带原始森林的世界，林下阴森甚至昏暗，水温也并不高。亚马孙河小型脂鲤鱼（灯类鱼）雨季在离原河道几千米的林下繁殖。为什么叫"灯"？一种解释是鱼体某点某部分会"闪光"，如红绿灯鱼折射出金属光，这是适应阴森与昏暗的需要，至少为辨认同种的需要。一般认为，红绿灯种鱼产前要调节到23℃水温，产卵缸水温高1~2℃，孵化与仔鱼水温最好调节到近30℃，目的是减少卵霉变，并让仔鱼快快度过生死关，这有一定道理。

从另一方面说，如果想让种鱼保持良好繁殖状态，多产几次卵，使仔鱼总量更多，质量更好，温度也应该稳定，尤其忌高温。一般认为灯类鱼饲养水温不超过27℃，繁殖水温不超过28℃（少数品种可降低3~4℃），卵胎生鱼的繁殖水温也大体在这个范围（剑尾鱼类可降低3~4℃）。丽鱼科鱼繁殖的水温要相对稳定，一般种类为26~27℃，高温种类为28~29℃（如七彩神仙鱼）。神仙鱼也算丽鱼科的一般种类，27~29℃均有良好的繁殖纪录。笔者曾用过一根不合格的温度计（实际水温比所示低3℃），开始时未被发现，致使一对神仙鱼长期在24~25℃的水温中繁殖，但似乎一切均正常，且仔鱼大小出奇的一致，只是所有节奏都慢了一些。看来丽鱼科鱼的繁殖水温有很大的伸缩性，不过高温（30~31℃）繁殖的效果不好，不少仔鱼能孵出，但往往不"开口"（不吃任何饵料）。

卵生鱼仔鱼的"父母赠品"

养鱼老手们可能都已注意到一个问题，即产完卵的繁殖缸几乎都有某种相当鲜臭的气味，而丽鱼科配对的鱼类，尤其是大中型鱼，在即将产卵时，缸水表面的"膜"变厚，所以"膜"下常有许多小气泡（直径多为0.1厘米左右）。一般都认为这是产卵的预兆，到产卵时雌雄鱼的排泄物，包括雄鱼的精液等一并发出异味；应该对去1/4~1/2繁殖缸的水，让仔鱼能够顺利孵化上浮。笔者曾考察了虎皮鱼、玻璃扯旗鱼、银屏灯鱼、叉尾斗鱼、红宝石鱼、菠萝鱼、神仙鱼、七彩神仙鱼等不下30种卵生鱼，发现这特种鲜臭味似乎与细菌无关，而是仔鱼的父母们产生的，是"父母赠品"。

玻璃扯旗鱼

银屏灯鱼

既然如此，这"排泄物"及其气味就不一定会危及仔鱼的孵化，观察结果果然几乎所有产后未对水或少对水的缸卵孵化仍正常。所以我们不得不认为雌雄鱼的排泄物是有作用的，至少应该有短时间的效用。那么，在自然水体中它有何作用呢？

（1）可能使其他未繁殖的鱼暂时回避"腐烂源"，从而客观上保护了鱼卵。

（2）可能使某些微生物（细菌甚至纤毛虫）暂时对鱼卵失去兴趣而停止攻击。

（3）排泄物的胶质与蛋白含量可观，可适时作为养分繁殖草履虫等。待仔鱼上浮时供仔鱼以很好的开口饵料。因此如果在较宽敞的繁殖缸中，等仔鱼基本上浮时不对水而"接种"小灰，必有利于仔鱼成长。但我们在繁殖缸中进行繁殖操作，恐怕只能利用这种"父母赠品"的部分好处，有时仍不放心而对一些水。

坛中的腥臭味

笔者在孩提时代常把捉来的叉尾斗鱼，养在小坛中。一次把一对叉尾斗鱼养在坛中，不料有一天发现那坛发出难闻的腥臭味，细看之下发现坛中水面盖满细泡沫，水很浑浊。拨开泡沫，可见到许多"小豆点"在动。我急忙对了大量水，于是腥味淡了。但次日又较腥，而"小豆点"已从白变黑。7天后大小鱼仍全数健在，可见这是"父母赠品"在起作用。

仔鱼和幼鱼的"懒人"管理法

只能吃灰水的仔鱼，长大一些便可以只喂小水蚤，这时我们就称它们为幼鱼；到了能吞食小水蚯蚓时，有人习惯称它们为小鱼。不过这仔鱼与幼鱼有些难"伺候"，不是只因为找不到适口饵料，更因为对水时碍于鱼小如蚁，操作颇费眼神。这里介绍4种不费眼神的办法。

（1）大缸。产卵缸尽量宽大些，但水不要太深。如果没有大产卵缸，可以把卵数一分为二，或一分为三，2~3个缸同时孵化一胎卵。不对水，到时照喂灰水等（以少喂吃尽为原则），不过每天要同时往缸中加水，加水不要加太多。最好10多天后幼鱼可吃较大水蚤或小水蚯蚓时，缸水也已经加满，此时幼鱼或小鱼已能躲避小水管，抽底部的污物就相对容易些。

（2）一分为二。此法多是带水投喂小灰或灰水。过数天感觉缸水污浊且水位升高要处理时，可取来一个差不多大的缸，用虹吸法连水带鱼和部分污物，抽一半到另一缸，两缸都适当加些水便可投喂。因此，一分为二后推迟了对水时间。

（3）先备一个较大的缸，连同半缸水。待投喂几天后，感觉原繁殖缸水混浊且满，非对水不可时，把它抱起或抬起慢慢沉于大缸水之下，过几小时取出繁殖缸（缸下有污物），则仔幼鱼已移于大缸，可养到接近小鱼时再对水（大缸对水容易些，因鱼密度相对较低）。

（4）把仔鱼移到光线较好的绿水缸，放进一尾小琵琶鱼清残饵，如此至少可等仔鱼养半个月之后再对水。

 ## 避免仔鱼、幼鱼"全军覆没"的方法

仔鱼、幼鱼及小鱼，长得很快，观察鱼苗并见其每日成长，是一件饶有趣味的事，也是观赏鱼的观赏内容之一（即观赏成熟鱼的繁殖和仔幼鱼的成长）。但是，仔鱼、幼鱼对鱼病的抵抗力相当弱，许多种病对成鱼的危害小，对仔鱼、幼鱼的危害却很大，如淡水卵鞭虫病、爱德华菌病、鱼瘦病（消化系统结核病）等。怎么办呢？要以预防为主，严格把关，不让病菌等传染到缸内。但有时因主客观原因而防不胜防，或由某些鱼虫、水蚤等把某种病菌带入缸，其结果将引起缸内仔鱼、幼鱼或小鱼发病，往往导致"全军覆没"。有一个很"笨"的办法可防"全军覆没"：把一胎仔、幼鱼分到4~5处喂养，即使遭传染，也只是其中一两个缸，不再会"全军覆没"。

防仔鱼、幼鱼"换缸倒"的诀窍

仔鱼、幼鱼长大了，原饲养缸渐显得太小，要进行分缸或换缸。但繁殖过热带鱼的人，都为移幼小鱼而伤过脑筋。对许多种仔幼鱼进行"搬家"，有时会出现"不搬不死，一搬全死"的"换缸倒"现象，就连中等规格的虎皮鱼和珍珠马甲鱼也会产生"换缸倒"事故。

有人把"换缸倒"的原因归结为水质突变。一般地说，这是对的，但又不敢相信真的会"倒"得如此快。事实上仔鱼、幼鱼几乎都是裸缸养，只充气不过滤（怕把小小鱼吸住）；而饲喂仔鱼、幼鱼多半是小活饵（水蚤等），即使每天对水1~2次，缸中还是有相当的活饵变死饵，死饵腐败变质后氨、亚硝酸盐和硝酸盐的浓度比养较大鱼的缸中高，但仔鱼、幼鱼很耐这种有机污染，能够调节体液使其浓度增加，避免氨、亚硝酸盐和硝酸盐等对鱼体（尤其是鳃）的侵害。如果一旦把仔鱼、幼鱼移到可溶性物质浓度趋于零的洁净水中，则因仔鱼、幼鱼体液浓度突然比环境高出许多，水将通过鳃等渗透到鱼体中，鱼体突然"水肿"，鱼的正常生理功能失调，以致"休克"死亡。如果因渗透压问题造成鱼死亡，则应该把原缸鱼带水按比例移到新缸，然后分数日把水加满（一次加满水同样出现"换缸倒"现象）。

有时经上述处理后还不能解决问题，鱼过1~2天后还会死，这又是为什么呢？原来新缸缸壁根本就没有硝化细菌及有益微生物结合体形成的膜，新缸中的氨基本上未转变为亚硝酸盐与硝酸盐。在这种情况下，仔鱼、幼鱼不是因渗透压死亡，而是因氨急性中毒死亡。如果对大量水又会因渗透压悬殊而死亡，唯一的办法即是每过2~3小时对少量水。因缺乏硝化细菌，所以可以考虑在仔鱼、幼鱼移入前，先培养好新缸缸壁或容器的硝化细菌等。培养硝化细菌等的方法有二：一是用新缸先养中小鱼 1 个月左右，然后保留缸壁上的"生物膜"，移进仔鱼、幼鱼缸所带来的水；二是往原缸中投一些生物球、玻璃片、石子等，待这些物体上布满硝化细菌（滑溜溜的）等之后，移到新缸，再把仔鱼、幼鱼及水移到新缸。

在移鱼过程中温度有可能变化，变化幅度应尽量控制在 3℃之内。温差太大，有的仔鱼、幼鱼也会"休克"。如低温时移中小虎皮鱼就得格外小心。

七彩神仙鱼等繁殖失败的主要原因

丽鱼科鱼繁殖多半能成功，但有的品种也会连续失败，如七彩神仙鱼、神仙鱼、菠萝鱼、七彩凤凰鱼等。繁殖失败的原因甚多，最主要的原因有以下几个。

（1）种鱼未成熟或有功能性问题。成熟时间已到，但迟迟不配对，系迟成熟，与喂的饵和环境（水质、水温、光照等）有关。但多半最后亦能成熟。不过，有的鱼配对后老产"白"卵，即最终鱼卵未孵出小鱼而发水霉了。原因可能有：雄鱼有雌性倾向（饵料原因），或雄鱼瘦弱（患鞭毛虫病或组织结核症等），或功能性问题（也多见于雄鱼）。

（2）水质原因。例如上午刚起游的七彩神仙鱼仔鱼仍贴在大鱼身上啄食，但下午全部"疏散"。原因很简单，多半是得了淡水卵鞭虫病、肠胃病等，也可能是水中氨或亚硝酸盐超标。仔鱼起游后怕仔鱼被潜水泵吸入，故未进行过滤，又怕活饵带入病菌等，投的是"汉堡"，这就使残饵腐败，致使仔鱼"疏散"；此时如果不及时对水改善水质，到次日仔鱼将死去并腐烂不见，很多人还以为亲鱼把仔鱼吞食了，实为误会。

（3）神仙鱼、七彩神仙鱼也有吃卵、吃仔鱼的"恶习"。为什么要吃卵、仔鱼呢？可能原因是许多卵都被虫蛀掉，只剩下不多的卵粒，神仙鱼、七彩神仙鱼种鱼感觉到量太少，准备再产卵，而把前一次产的卵作为垃圾而清理去。常吃卵的七彩神仙鱼种鱼多是两年之内处于产卵旺盛期的雌鱼。有的七彩神仙鱼亲鱼待到不多的仔鱼起游后，又补产了一窝卵；这时仔鱼有极大的危险，只要一接近新产的卵，就有可能被吃掉，或者七彩神仙鱼种鱼感到卵粒安全受到威胁时，便把剩下不多的仔鱼全数消灭。而新产的卵若孵化率较高(剩下40尾左右或更多一些仔鱼)，七彩神仙鱼种鱼定会"爱子如命"，一尾也不吃的。不过也有从来不吃一尾自己仔鱼的亲鱼。

（4）长期水温不正常。水温若太低，只要鱼不死，温度正常后一般仍能正常繁殖。如果水温太高，有的虽能正常繁殖，但仔鱼不能正常孵化、发育与生长；多半不能进行繁殖，甚至不能进行配对。雄鱼更忌水温太高，适宜的水温是24~29℃（指一般丽鱼科鱼）。

（5）光线太强或太弱。丽鱼科鱼繁殖与雨季是同步的，如亚马孙河水会漫过河岸数十千米，水又浑浊。此时如果在水表光线好处繁殖，亲鱼及仔鱼将成为鸟或其他鱼的"佳肴"；如果在太暗处，则到傍晚什么也见不到。故正常的只能在水下物（如大叶或树枝等）遮蔽下，在柔和的光线中产卵、护卵。七彩神仙鱼的仔鱼第一天起游，亲鱼"关怀备至"，到了傍晚光线减弱时，两亲鱼会把仔鱼衔到一处。仔鱼在起游前头上的挂丝仍在，一直挂到次日光线充足时才二度起游，集于亲鱼身上，此后（一生）不再被衔或挂。一次，笔者因有事迟了4个小时才去开灯，而仔鱼直到中午才全部二次起游（该繁殖缸置于阴暗处）。可见，光线不够对繁殖也是不利的。

（6）自然因素直接或间接影响。雨季或台风暴雨时，江河水浑浊得很，自来水厂加强了消毒力度，此时要慎用自来水。此外，若把雨水作为低硬度水使用，还要注意本地区有无酸雨等，若有也应慎用。

（7）其他原因。如饵料质量长期太差、饵料营养不全面，"汉堡"成分单调，缺少活饵及维生素，繁殖也会受阻。

为七彩神仙鱼仔鱼选"保姆"

七彩神仙鱼经过一个世纪几十代的人工培育，至今品种众多，它们在体色、图案、体形（如鹰嘴、短身、高体、长鳍等）等方面各具特色。有的七彩神仙鱼繁殖能力明显退化，不少珍稀七彩神仙鱼"不会带仔"，于是人们给仔鱼找"保姆"。其实，严格来讲不应叫"保姆"，而应该叫"奶妈"与"奶爸"。现在有人想让珍稀的七彩神仙鱼多产卵，也常常不惜代价"雇奶妈"了。

七彩神仙鱼的"保姆"，常由蓝松石鱼、阿莲卡鱼（棕红色）等繁殖较易的七彩神仙鱼来充当。一般来说，并不是所有的鱼都可以当"保姆"，要当"保姆"必须具备一定的基本条件。

（1）"保姆"鱼要自行配对，或者配对后调换一尾体色等相近、健康状况也相近的成熟鱼亦可。让这对"保姆"鱼繁殖。

（2）要调换的"保姆"鱼的产卵板或产卵管（PVC）等，

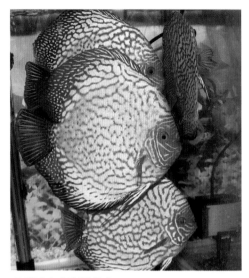

双嘴迷宫七彩神仙鱼

以及上面的卵均应相似（即卵粒分布大体上位置相差不很大），产卵时间也最好在同一天。调换时，应该把"保姆"鱼暂移出缸，或者用一块垫板之类把"保姆"鱼挡在一隅进行调换（否则亲鱼会拼命保护自己所产之卵）。

（3）如果相差两天以上，只好等孵化后想办法。一般七彩神仙鱼亲鱼，对比自己仔鱼小的鱼不大在乎，可逐渐地投入"保姆"鱼的产缸，而把"保姆"鱼的仔鱼移出另缸养（一般都能成活），或移给另一对"保姆"养。但如果珍稀仔鱼比"保姆"鱼的仔鱼大两天或两天以上，那就不能投入"保姆"鱼的产缸，否则有可能全部被吃。有一种方法是不让珍稀仔鱼吃足（半吃半饿），待两缸仔鱼差不多大时再"做手脚"。但既然是好鱼，主人往往不愿让珍稀仔鱼挨饿，结果时期一拖过，"保姆"就失业了。因为3~4天后珍稀仔鱼也可以勉强离开亲鱼而独立生活（吃丰年虾仔等）。

要注意的是，如果"保姆"鱼同珍稀鱼近日产卵，不要把这两对鱼放在同一个用玻璃隔开的鱼缸中。因为仔鱼有可能会游到另一缸去（一般是游向"保姆"鱼缸），待过一段时间（如次日）又回自己原所在缸时，有可能被吃（仅少数亲鱼可接受来去自由的仔鱼）。所以正确的做法应该是调换卵。若产卵板上卵粒分布差别大就调换仔鱼，用比充气管稍粗的水管就可顺利吸移仔鱼。

护子有术的父母

在亚马孙河里敌害众多，一对护卵的七彩神仙鱼会双双猛烈冲撞胆敢靠近的大鱼。而当不大不小善于偷猎仔幼鱼的不速之客来临时，父母两鱼会头各朝一个方向身体紧贴在一起，仔鱼则躲到父母紧贴着的缝隙中，直到敌鱼游走。其他丽鱼护卵方法大同小异。

口孵鱼的卵由雌鱼含在口中，仔鱼孵化后仍由雌鱼照看。若遇到危险，妈妈立即将宝宝吸入大口中，待一切都正常了才又把仔鱼吐出觅食。

珍珠关刀鱼（南美洲口孵鱼）

 ## 什么时候该分缸

一群幼鱼、小鱼（或中等大小的鱼），它们被养在一个合适大小的缸中，如果缸水的温度、水质指标等都正常，又喂以营养全面的饵料，鱼将很快长大并感觉有些拥挤，此时要不要分缸呢？可根据以下几条判断是否分缸。

（1）鱼的食量未增加，有时因水质原因反而有所减少。

（2）断开电源后，充气或循环过滤也即停止，鱼很快（15~20分钟）就浮头缺氧。

（3）感觉近几天鱼长得慢，并且感觉缸中鱼的确太密，再不分缸似难以长大。

（4）卵生的鱼已成熟（尽管个头不一定大），数量较多的鱼参加纷争，尤其是雄鱼之间争斗激烈（在雌鱼产卵在即时）。此时，有个较好的办法，就是把雄鱼和雌鱼分开，各养在一个缸中，这样雌雄鱼争斗反而大大减少（繁殖时再从两缸中去挑选）。此类鱼有虎皮鱼、红绿灯鱼等多数卵生鱼。

（5）丽鱼科鱼（如花地图鱼、玉麒麟鱼），已成熟配对时，应把配

花地图鱼

玉麒麟鱼

对的鱼捞移出另缸养，否则其他鱼将受配对鱼的攻击。若有多对配对鱼，则一般也要分缸（缸大有时可多放 1~2 对）。

（6）斗鱼、叉尾斗鱼等近成熟时已"争斗不休"，一般要把成熟的雄鱼捞出独养。吐泡沫的雄鱼只能跟产卵在即的雌鱼同缸，否则雌鱼将被雄鱼咬伤或咬死。

 ## 幼小鱼分缸操作法

仔鱼、稚鱼分缸时，要根据不同情况采用不同操作方法。

（1）可以用捞网移的幼小鱼。用铁线等加工成长方形外框的网，宽度略小于缸内横截面（水之下）。如果要分出 1/2 鱼，则可在中间把鱼隔开；如果要分出 1/3 鱼，则可在右 1/3 处把鱼群分开。然后再捞出一边 1/2 或 1/3 缸中的所有鱼。这样，多数鱼不会受惊，操作简便。

（2）最好不用捞网（带水）移动幼小鱼。这是针对某些弱小的幼小鱼而言，移鱼时带水操作。普通方法是用瓢、碗等把幼小鱼舀到别缸，鱼儿见碗等往往躲闪，即便有的鱼不躲闪，也要舀多次才算完，颇麻烦。以下介绍一简便方法：

移鱼时先把水适当放浅些，预先备一个缸，其缸宽比原养幼小鱼的缸宽小一些，缸长约比放浅后的水位高一些，缸深约等于放浅后的水位高。把备好的移鱼缸侧面（缸壁玻璃）紧贴养幼小鱼缸的底，移鱼缸底紧靠养幼小鱼缸的右内侧壁。用捞网等把小鱼赶进移鱼缸，并封住口，然后把移鱼缸正立起来（即顺时针转 90°），将其端起，慢慢倾倒于新缸。如果移出鱼的数量不够，可再操作一次。

鱼病防治·药物使用

 ## 以鱼治虫

　　一般有残饵的缸都有白蛆。白蛆形状有点像蛆（小的更像），只是长不超过 1 厘米。在经常保持有一团水蚯蚓的缸中，也容易见到白蛆。如果缸中白蛆多，投下的饵料一会儿工夫便会爬满白蛆，这时鱼就不吃了，也许因为白蛆有异味，倒了鱼的胃口。如果白蛆过多，满缸皆是，则连孔雀鱼、剑尾鱼类也会相继死去。少量时未发现大害处。整缸布满蠕动的虫（白蛆可游在水中间），实在令人不快，不除不爽。但白蛆似乎比野草更会繁衍，繁殖力超强，不易消灭，只好清缸。

　　如果白蛆不多，可放一尾中等规格（8~10 厘米长）的琵琶鱼，把缸壁缸底的污物全吃尽。白蛆"断了炊"自然数天内绝灭（有的也被琵琶鱼刮进大嘴）。但如果白蛆过多（气味太浓），此法便不灵，琵琶鱼拒食缸壁上所有附着物。

　　此时，若有较大的曼龙鱼和神仙鱼（中规格鱼）等，放几尾到多白蛆的缸中。当它们饿时便会啄食那些小东西，要不了多久缸就干净了。但这些鱼也不全都对小东西感兴趣，与成鱼一样因食欲不强，一般对白蛆视而不见，任其横行。

　　另有不少脂鲤科中小鱼，如银屏灯鱼、玻璃扯旗鱼、黑裙鱼、黑灯鱼等 1~2 厘米长或再大些时，食欲旺盛，饥不择食，所有白蛆不消半天便成了它们腹中物。此外，大鱼缸中还经常有箭水蚤、小型水蚤等大量繁殖，也可以"雇"脂鲤科"杂食军"来料理一阵。当然，如果大鱼天生会捕食这些小规格鱼，那只好请大鱼先"退避三舍"——暂捞移养于暂养缸。

当然，白蛆也可用药杀灭，如晶体敌百虫（3毫克/升）或福尔马林（60~80毫克/升）缸内治疗，都可以解决问题（但一般热带鱼只能忍受上述两种药物用量的1/3）。有的鱼对敌百虫敏感，采用10倍常量的敌百虫因要移鱼，故不常采用。福尔马林在普通鱼缸中的用量通常为25~30毫克/升，2~3倍常量的福尔马林应慎之又慎，最好把娇弱敏感的鱼先移走，然后用药。过1~2天对1~2次水（至少20%）后，再把鱼移回（耐粗放的鱼和许多大鱼还是可以忍受80毫克/升福尔马林）。一般来说，如果缸水较清，福尔马林又刚开瓶，可用下限量（60毫克/升）；如果缸水浑浊，福尔马林为开瓶较久之货，可用上限量（80毫克/升）。白蛆的感染力极强，往往刚治好不到几天又被感染，很是讨厌，应特别注意防止接触传染与随生饵混入。而配备过滤器无用，过滤缸则有一定作用。

 ## 用曼龙鱼消灭水螅

随着一些地方河流湖池水污染严重化，水螅已绝灭，但在生态环境未有大变动的地方，水螅还有不少。水螅的最大危害是捕食仔鱼，其次是争食水蚤，虽然只吞食3~5只水蚤，但每只水螅的下方都有一小堆死水蚤（因被水螅刺丝蜇死），引起水质败坏。此外，水螅繁殖特快，也属有碍观赏和令人不快之生物，务必除之。

可用中规格以上曼龙鱼和马甲亚成鱼来治水螅，要注意的是，鱼放入缸后不要喂太多太饱，否则将懒得用嘴去拔除那些附着得很牢固的水螅。水螅少或很小时也可用琵琶鱼来对付，但水螅多了琵琶鱼也畏惧。

若没有曼龙鱼等怎么办？量少时可用水草夹夹着刀片先把水螅刮沉缸底，缸底的水螅也同样要刮离缸壁，然后用水管抽吸出，再用蚤捞过滤出来后用开水烫死或晾干致死，不可随意处理，以免污染周边养殖环境与饵料采集场所（河池等）。如果水螅已很多，用手工处理已不可能，只好用0.7毫克/升硫酸铜来处理。但施药时应注意先移出水草和观赏螺类，水草上的水螅还需人工搓洗，所以最好的方法还是用曼龙鱼来治水螅。

水蛭杀除法

水蛭的种类很多，吃植物嫩叶，大者能吸鱼等动物和人的血，在吸不到血时也能以植物为食，水草缸中往往很多。小型蛭多以植物为食，有的可行出芽繁殖，体下侧常具两排"芽"。中型和大型的（长 2~10 厘米）水蛭，常把"茧"（即卵）产在水底石块或植物茎叶上，如尺蠖鱼蛭和绿蛭。但不管什么品种，多是晚上出动觅食，白天则躲在沙中或植物根部。所以可以在夜晚（熄灯 2 小时后）把它们连同水草一起移去暂养缸，以 2.5%盐水浸洗，水蛭将从水草上脱落下来，然后把水草移入缸中栽好。把水和水蛭一同倾入小网眼捞网，过滤出水蛭（连同暂养缸底水蛭），并用热水烫死。鱼体上的水蛭可如此法处理，但一般用 25~50 毫克 / 升氯化铜溶液，浸洗鱼 10~15 分钟使虫体脱落，然后用净水漂洗鱼后再将鱼移回缸中。虫体用热水烫死，或用高浓度盐水杀死。

 ## 哪些鱼病可不治自愈

这个问题人们很容易想到的是白点病。在水温 20~26℃，冷热无常，水又太新（微生物含量极少），加之周边环境（包括生饵采集环境）有此病时，特别容易感染。此病用药可治，但多会死些鱼。对有的鱼加热到 30~32℃经 1 周以上，白点病可愈。不过，有时会发现忘了给药或加热器失灵，白点病却也不治自愈。其实，这不奇怪，5~6 月冷热交替，气温常升至 30℃以上，水温也上升得快。有人这时候不给鱼缸遮阳，结果阳光晒到缸，水温达 35℃，白点病怎么不会自愈！加热器失灵未发现（这是很危险的），不过"因祸得福"，缸中的水温突降，白点病发展慢，过几天新水变老水，各种微生物增加，也许亚硝酸盐、硝酸盐的含量也增加，整个鱼缸水环境大为改变，白点病当然也有可能自动退出舞台。

有人也许觉得那么凶的病怎会自愈？设想缸中（不怎么对水）滋长了一种大规格的毛管虫、吸管虫或其他种微生物，把大部分小瓜虫的胞囊幼体吸而食之，虽然还有少数小瓜虫寄生成功，但其下一代生存却更艰难。

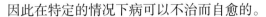

因此在特定的情况下病可以不治而自愈的。

凡是对水温、阳光，以及水的化学成分和含量敏感的致病菌或原虫等，都有可能"突然暴发"或"悄然而去"，如水霉病、白云病、鳃霉病、赤皮病等病原。水霉病夏秋基本上没有（水温偏高），所以升温同样可缓解水霉病。通过节食、清残饵、加强光照、处理好过滤缸或箱等普通措施，都可能使一些病自愈。这也许是增强亮度改善了水质，一些有益微生物"重振旗鼓"，加强了滤食作用，把缸中的病原菌及孢子等通通吃尽。例如卵鞭虫病、白云病等，都可以通过改善水质或优化养殖条件，达到防治的目的。

其他的如气泡病和感冒、纤毛虫等原生虫病，也主要通过改善水的理化条件来治病。前者要洁净的动水，后者要完善的过滤系统和洁净水才恢复得快。

在什么环境中鱼不易得病

在过滤系统极完善的缸池中，在鱼只相对稳定的水草缸、绿水缸、老水裸缸中，在溪流和上游流速快的河流中，鱼均不易得病。因为这些地方致病菌等不易传入，也不易繁殖。

神仙鱼"鼓胀"的症状及防治

神仙鱼"鼓胀"病历史不算长，1990年前后才开始流行，但后期却发展成灾，严重时一胎鱼到最后仅剩一两成。大鱼也时有发病，但仅占百分之几。近年本病呈下降趋势。

此病症状是：1~5厘米长神仙鱼幼小鱼，持续有若干个体腹部鼓胀；鱼体俯视如饱满的纱梭，前尖后尖胸腹滚圆；食量逐渐减少，生长越来越慢，最后不长；肛门红肿，胸鳍基部绝大多数充血，且多数为两边兼有；腹肿大主要是肝部肿胀及腹水所致，也可能气体所致；病程长，1~2个月绝大部分都要死去，不死者雌雄鱼均无繁殖能力。尤其是高温（30℃左右）饲养的神仙鱼发病率与死亡率均较高。感染此病时间和鱼的大小并没有什么明显的相关性。此病传染性不小。

这些症状及发病规律酷似爱德华菌病。据专业书籍介绍患爱德华菌病的鱼有罗非鱼，而神仙鱼与罗非鱼同属丽鱼科，又因二者出现时间（鳗爱德华菌病始于1986年）相近，发病温度相同（30℃左右），症状也相近，推测也许此病系由罗非鱼或鳗鲡的爱德华菌（或其间有特化变性）传染所致。

预防颇为棘手。因神仙鱼主要食物多为水蚯蚓与水蚤，而这些生饵采集的河沟很难保证不发生交叉感染，尤其在附近有养罗非鱼或设鳗场的地方，爱德华菌也许可以持久存在。怎么办？可采取以下几个联合措施。

（1）在本病流行区域、流行时间不要照往常一样进行高温饲养，温度可降到25~26℃。

（2）尽可能降低鱼的密度，尽可能化整为零饲养，以降低传染的可能性和普遍性。

（3）尽可能延长生饵的保鲜时间，如水蚯蚓最好捞后5天以上食用。水蚤捞来后最好也要放置1~2天，最好吃由捞来水蚤繁殖的下一代。如果是小型绿色水蚤，则只能依靠米诺霉素或甲砜霉素来浸洗，用量为15~30毫克/升，时间尽可能长。水蚯蚓也可照样浸洗。

（4）如发现病鱼，缸水应入药。一为照上述浸洗鱼虫的药物和浓度，隔天1次，可减少水1/3或1/2后入药；二为漂白粉1毫克/升，隔天1次，与抗生素药物错开施放。

（5）日常若能吃人工饵的可投喂米诺霉素或甲砜霉素药饵，用量为15~25毫克/千克，每天1次，至少喂1周。

大水体的鱼病防治

一般鱼缸实际容水量不少于500升，或装水不少于半吨的水池等，统称为大水体。大水体适合养大鱼与身高的鱼，如埃及神仙鱼。

大水体中的鱼得了某些鱼病颇伤脑筋。鱼数量多，捞移不便，若需清缸，则抽水、洗涤等工作量很大。有些病鱼捞出治疗是可行的，但缸和缸水有病菌等，不处理也不行，所以多半只能考虑多用药。这样看来大水体非"以防为主，以防为先"不可。怎么防？除遵守一般性的防病入缸原则外，还

应特别注意如下问题。

（1）尽可能保持水环境的相对稳定，包括水温、光照的相对稳定，以及缸水过滤系统和供氧的正常稳定。

（2）特别需要定期（不能凭感觉）测试水中主要生化指标。缸中摆设复杂的应特别注意氨的指标。鱼品种、数量有变化，或缸中进行部分洗刷与对水时，应特别注

非洲十间鱼长大后身长可达 60 厘米（此为幼鱼）

意亚硝酸盐的含量变化。光线变差或灯具坏了、大量褐藻或绿藻上浮或死亡，应注意亚硝酸盐、硝酸盐含量有无剧增。

（3）传染病流行期或季节变化之交，活饵投喂前必经药浴，并且要有针对性。如早春白点病开始在某些地方流行时，就要警惕。有条件的可把水蚯蚓养在 30~32℃动水中，如养鱼般静养几天（每天换水 1~2 次）；或者干脆停用生饵，暂用人工饵支撑一段时间（20~30 天），等水温普遍上升后，再考虑用药浴生饵（2~4 毫克 / 升亚甲基蓝，浸浴 2 小时以上），然后投喂。细菌病传染时，可用 1 毫克 / 升漂白粉液或 15~30 毫克 / 升甲砜霉素浸浴 15~30 分钟。原生虫病传染时，可用 0.7 毫克 / 升硫酸铜浸浴，时间可延续 1~2 个小时（水蚯蚓浸浴一天仍不会死亡），效果很好。综合消毒杀菌可用 0.5~2.0 毫克 / 升二氧化氯置暂养缸内短时间药浴，该药亦杀有益菌等微生物，应注意。

（4）发现一尾病鱼或疑似某种鱼病，应按一般剂量投放药，不能因为水体大，随便投若干分之一（这样也许更糟糕，促使病原产生抗药性）。更不能超量投药。

（5）有条件者，可经常开启紫外线杀菌灯（灯安装在过滤水管中或过滤缸上），要注意，离灯 1 厘米之外杀菌无效果。

（6）对于暂未查明病原而又急于治疗的，可选用二氧化氯入暂养缸治疗，用量为 0.5~2.0 克 / 米^3。

奇怪的卵鞭虫病康复与感染现象

对于一些发病率高、影响大的鱼病，用药效果不理想，但用疫苗却很有效。如早先草鱼出血病，我国专家用病鱼组织浆灭活制疫苗注射，可使鱼获得免疫力。弧菌病对鱼类影响严重，长期用抗生素已使病菌具抗药性，国外首先制了疫苗，效果不错。这就是说对于病毒（前者）和病菌（后者），鱼都可以因自身获得免疫力而不患鱼病。

卵鞭虫病（原称嗜酸性卵甲藻病）对淡水鱼的威胁相当大，中小鱼死亡率常可达到九成直至十成（全死）。卵鞭虫病是一种藻类寄生引起的病，无特效药，鱼是否对藻类也具免疫力呢？情况虽不复杂，但也绝非三言两语说得清。本病的辅助疗法为用抗生素等控制继发感染。

我们很容易察觉到，似乎患本病不死的鱼都在半个月左右得到舒缓，逐渐趋于正常。食量大增的同时，尾鳍、背鳍等大部分也很快再生长趋于完整。同缸患病的鱼有早康复的，也有迟康复的，前后可以相差多天。进一步去追踪观察，竟发现先得病的鱼先好转，后几天得病的鱼则后几天才好转。这里用病程有周期性来解释，掩盖了本质。同一缸鱼愈后也不会再得病，用鱼产生免疫力的时间约为半个月来解释，却可以解释得通。因此，我们初步断定鱼对卵鞭虫病应该有半个月获得性免疫力。

事实上，把1~2尾患过病的鱼移至从未患过本病的鱼的缸中，可发现脂鲤科鱼、攀鲈科鱼等基本上不感染，而鲤科鱼有不同程度的感染。最严

大血鹦鹉鱼

红尾皇冠鱼

重的当数丽鱼科鱼，感染率可在九成以上。我们感到惊奇的是，移入缸中的那 1~2 尾鱼健康得出奇，而其他丽鱼科鱼都奄奄一息。这说明卵鞭虫病有极强的传染力，即使病鱼痊愈 1~2 个月后还有可能再把身上的"余毒"传染给其他鱼。有人新添了几尾鱼（活泼健康），不久整缸鱼出问题，原因就在于此。　般愈后时间过 45~60 天者　般无传染力。令人费解的有如下两种情况。

（1）凡是不健康的鱼，即使在近期患过该种病的，也会被其他新近患过该种病的鱼再感染，且多半不能挨过半个月。不知是弱鱼本身的免疫系统紊乱了，还是卵鞭虫有不同的类型。

（2）凡是不健康的鱼，似乎都容易患卵鞭虫病，也许这些鱼的免疫系统遭破坏，以致不起作用。

这两种情况的产生原因仍有待进一步探讨、证实。目前的防治措施是预防继发性感染和略提高缸水的酸碱度（0.5 或略多，视鱼的忍受力）。

 ## 小剂量药物的称取

就一般常用热带鱼药物而言，比较容易称取的是高锰酸钾、抗生素和氯化钠等。最难称取的是孔雀石绿（孔雀石绿与硝酸亚汞为食用鱼禁用药，以前为观赏鱼常用药，现亦不提倡用）或碱性绿，原因是所用的剂量很小，普通抑制水霉用 0.05 毫克 / 升；若有一个微型鱼缸装水 31.25~62.5 千克，相当于 1/32~1/16 米^3，怎么称取呢？以下就以中规格的微型鱼缸（1.5/32 米^3）为例，来说明称取方法。

用螺旋式微调天平至少可精确称出 0.05 克物品，但这是一吨水（1000升）的孔雀石绿用量。这时如果有很多个鱼缸都需要用药，估计这 0.05 克差不多都要用去时，可以把其全部溶解到装有 64 毫升水的专用量筒里，倾倒出 3 毫升（1.5/32=3/64）就是该微型缸所需精确的孔雀石绿量。若有个中型缸装水 0.1 米^3，用量恰好为 0.05 克的 1/10，故把 0.05 克孔雀石绿溶解到 100 毫升水中，量出其 1/10（10 毫升）即为所需量。又如若有小型缸或中型缸（相当于 1/16~1/8 米^3 或 1/8~1/4 米^3）需要用碳酸氢钠调高pH，剂量为天平可称取较小剂量的 3/25（或 n/m），则可以把称出的碳酸氢钠溶解到装有 25 毫升（或 m 毫升）的量筒或量杯中，然后用带橡胶头的滴管吸移出 3 毫升（或 n 毫升）碳酸氢钠溶液到小烧杯中（最好不用倾倒法操作），则烧杯中即为所需的量。

有时只需一个微型缸或小型缸需用药，溶解多了造成药物浪费，这时也有一个办法：取来一小片玻璃，用名片或扑克牌把药物（如 0.05 克孔雀石绿）摊成均匀的长条形，中间切开后为 1/2 米³（相当于 500 升）用量，把切开的一小段中间再等分切开，便得到 1/4 米³（相当于 250 升）用量，切第 5 次便得到 1/32 米³（相当于最小的微型缸 31.25 升）。从理论上说，这种方法也基本适用，误差不大。

其他药物的称取，如硫酸铜、硝酸亚汞等可参照上法。一般地说，需要的剂量为天平可称取最小剂量（一般为 0.05~1 克）的 1/（$m \cdot n$）。方法是先把称得的最小剂量药物（如硫酸铜），摊为一长条，把此长条均分为 m（图示为 5）份，又把其中之一份再等分为 n（图示为 5）份，则最后一小份即为所需剂量［所称取剂量的 1/（$m \cdot n$）］。当然，为了便于计算和操作，也未必要称取最小剂量来等分。

把药物（硫酸铜）摊成长条

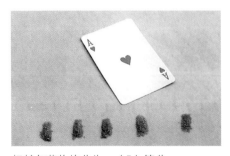

把长条药物均分为 m（5）等分

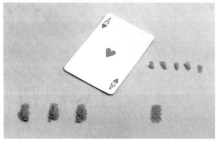

再把其中之一用扑克牌推移出，并均分为 n（5）等分，就得到称取量的 1/（$m \cdot n$）（1/25）

潮解敌百虫的称取

晶体敌百虫的称取本来应该不成问题，因为其一般用量（0.3毫克/升），约为孔雀石绿一般用量（0.1毫克/刊）的3倍。但敌百虫很容易吸水而潮解，有时只要半天一天忘了加盖，结果就潮解，用久了则基本上变为"浆"。此时，应该怎样称取呢?

（1）如果知道瓶中剩余敌百虫的量（可以将全量减去用过的量求得），问题便简单得多。因为可以从体积比例去把握，如用橡胶滴管吸出1/10或1/8敌百虫"浆"，数一数约为多少滴。若90滴已占瓶中原体积的1/8，则全瓶约为720滴。假设瓶中敌百虫为45克，则照16滴为1克计，也即1吨（或1000升）水正常用量约为4滴。

（2）如果不知道瓶中敌百虫的量，只好做实验去估计。称取晶体敌百虫0.05克或更小的剂量，用些水蚯蚓做实验。如果1滴或1.5滴与0.05克晶体敌百虫的效果相当（如同样都在10千克水中在10分钟内杀死水蚯蚓），那么就可以算出大约20滴或30滴相当于1克晶体敌百虫。知道了这个标准余下的事便是计算的问题。

若原瓶中既有未潮解敌百虫，又有其溶液，则可取一些未溶的称其重量，放在空气中潮解，待其刚完成潮解时，立即称其重量，于是便得到前后重量比。

在称取过程中，要注意如下两点。

（1）潮解的敌百虫为油脂状比较黏稠。如果橡皮滴管的末端内混有空气，则半滴敌百虫液也可因捏了橡胶滴管而滴下，造成不准确，所以应不让空气泡含在滴管中部与下部（一般先把空气捏去）。

（2）若是敌百虫太稠不便于细分计数，则可待取出后加水若干再操作（仍按比例）。如计算结果需要3.4滴瓶中的敌百虫，可先取出4滴，稀释到40毫升，倾倒出其中的34毫升（含3.4滴瓶中敌百虫），再倒入要施药的缸内。

从病鱼中筛选最健康的鱼

最健康的鱼不仅在正常的环境中生长良好，而且应该在"逆境"中表现突出。以下举几个例子。

（1）一群差不多大的小七彩神仙鱼，感染了卵鞭虫病，挤成一团浮于缸上方一角落，投饵时见有几尾游过来。一星期后再投饵时，似乎还是原先那几尾游过来，其他小神仙鱼大部分已鳍烂尾缺相继死亡。事实证明了死里逃生的那几尾小七彩神仙鱼，生命力最强且也最健康（这与品种也有关系）。

（2）20多尾黑神仙鱼，从小鱼养到中鱼，每日总见黑影游动。由于水温仅25~26℃，也许是生饵带来了小瓜虫，几天未留神它们便全部得了白点病。此时，每尾鱼可能得病程度不同。过了两天，形势没有大变，此时把水温上升到28℃，第二天死去数尾鱼，但有的鱼身上已基本上不见了白点，这几尾也正是原来身上白点最少的鱼，其他鱼只在半个月后身上尾鳍仍有几粒小白点。那几尾身上白点少且消失得快的鱼，就是最健康的鱼。

（3）养了20尾丽丽鱼成鱼的长形水草缸仅不到100升，不算宽敞。有两尾最大的丽丽鱼配对准备产卵，把其他鱼都赶到缸的另一半。后来发现雄鱼头侧皮破了，露出偏红的肌肉，过两天发现水面鱼卵已孵出一堆小豆点，但同时也发现有10来尾丽丽鱼头身上都有小红"伤口"。这时只好把另18尾丽丽鱼全部捞移出缸，并且用链霉素注射剂治疗。半年后移出的18尾丽丽鱼一尾未活，而那一对丽丽鱼却还健在，头侧的红伤口也不知何时消失了，并且其3胎仔鱼都挺健康，头身皮肤完好。丽丽鱼得的是何病？是卵鞭虫病吗？据权威书上说，病菌是点状气单胞菌之一亚种，为短杆菌。有的国外论述鱼病的书，干脆称这种细菌为结核菌，并提议要谨慎为好。不过不管怎么样，那对丽丽鱼算得上"最健康"、生命力最强的鱼。

可能是因鱼健康才繁殖了大量后代（如上述瘟病余生的七彩神仙鱼和神仙鱼），也可能是因繁殖后代，体内激素倍增，而抗病力强（如上述配对繁殖的丽丽鱼），反正貌似一色的鱼，其中抗病力有差异，肯定有最健康和最优异的。这种最健康和优异的鱼很难在鱼商店里出现，购买到的机会也更少，但却是行家里手所追求的目标之一，因为它们基因优异，是理想的种鱼。

先配对的丽鱼可作种鱼

可以把12~20尾小神仙鱼或其他丽鱼养在一个大中型的缸中，给予精心照料，待长到中鱼时可适当在缸中增加些隐蔽物，或干脆在水中摆立几扇小"屏风"。它们一段时间后会各自"找房"，打斗也会减少许多。

此时，如果一尾雄鱼成熟，必定第一时间识别出群中最成熟最强的雌鱼；反之，雌鱼同样可找到最成熟最强的雄鱼。这一规律一般认为是信息素使然。最成熟最强的一对鱼，繁殖出的后代自然是不会弱的。

画眉鱼

和尚鱼

 ## 可减少鱼病的鱼缸配件

如果有人告诉你某某物品安放到鱼缸某处，保证不会让缸中的鱼生病，你定会以怀疑的态度去审视其真伪。但如果告诉你有一物会预防某一类型的鱼病，你可能认为那也没什么奇怪。但具有如此功能的东西实在是太少了。

到目前为止，最好的器具应该算是紫外线灯。紫外线可以在近距离杀伤与杀死微生物，尤其是单胞菌与单胞藻（均为单细胞）。淡水鱼可以在大缸中或暂养缸中投药，对去大量水也没什么问题，而对大型、特大型缸及大水体而言，置紫外线灯是极好的选择。使用紫外线灯，既干净又省事，但注意不要让鱼与人受到近距离照射。所以往往要采取遮挡紫外光，或把水引出缸外进行杀菌等防卫措施。有人担心硝化细菌会被杀死。的确，各种微生物挨近紫外灯，尤其是1厘米之内，都有极大的可能"玉石俱毁"。好在硝化细菌、多种有益微生物都营固着生活，阵地遍布，牺牲少数"外出谋生者"，基本上不会削弱其群落优势。

其次要数过滤缸或过滤箱了。不少人认为过滤起不了防病的作用，这也难怪，普通过滤多为1~2层腈纶纤维之类，另加少量小石子、"生物球"等增面物，这样简单的组合物自然难以防病。不过，事物的量变到一定程度便产生质变。如果过滤缸或过滤箱足够大，其中增面物结构排列适当合理，那情况就不一样了。

你可能以为过滤系统就是清一色的硝化细菌附于"滤材"（确切地说，应称为增面物）上，但事实上缸内物面充满有益微生物结合体，绵延如絮状藻类的东西多为褐色，多以某些微生物为主。一见到这些东西，便可肯定两点，一是该水族缸历史已较悠久，没有一年也有半载；其次是极少鱼患病，至少近一个月没有传染病。为什么呢？鱼一生病吃食剧减，水中各种"废物"也减少，原生虫等无食物，只好"精兵简政"，此时过滤缸（箱）便显得干净了。相反，良性循环中的过滤缸（箱）养肥了无数微生物，一旦一些鱼生病少吃食，这些微生物便会感到"饥饿"，水中（因鱼病）出现的一些异物（如某些细菌、原虫幼虫之类），将尽可能被这些"养了千日之兵"灭于一时。有的病原虫可能体大，一时过滤缸（箱）中的微生物也奈何它们不得，不过密实的增面物有巨大的阻流与容留作用，许多病原菌将"误入迷宫"，包括它们的子代终归被吃。

说到阻流与容留作用，笔者以为某些中等大小孔隙的聚氨酯泡沫塑料具备这样的性能，尤其是使用过1~2个月的，因此，在过滤缸（箱）中多置几块，轮流洗用，大有裨益。再次，缸底或一隅"闲置"较大量的中沙或粗沙（当然包括水草缸的底沙），非洲大湖鱼类缸底部或过滤水流线路上放些珊瑚沙等，都有不同程度的减病作用，道理同上。有的或许还是间接的，但这些"滤材"、有益菌等总归可以减少鱼病。

区别由遗传基因和遗传素质导致的夭折

遗传缺陷致病致死并不为怪，但至少可据缺陷严重性与受后天因素影响程度，划分为两种，即完全受遗传因素影响的夭折和受环境影响（如致病菌等）的遗传素质导致的夭折。

对于前者和后者，我们都可举一些例子来说明。

（1）白兔鱼是 20 世纪由德国人从彩兔鱼（可能是中南半岛的蓝叉尾斗鱼或中国叉尾斗鱼，不可能是无彩的黑叉尾斗鱼）选培出来。这两种鱼外形一样，但白兔鱼缺蓝色素和黑色素（体表具红横纹，不缺红色素），故严格地说白兔鱼并不完全

黑叉尾斗鱼

是彩兔鱼的白化种。白兔鱼与中华叉尾斗鱼可以杂交，子 1 代表现型全为彩兔鱼；让子 1 代自交，子 2 代有 1/4 卵孵化出来是白兔鱼仔鱼，鳔发育完全（发育到能停于水中）。不幸的是，这 1/4 白兔鱼仔鱼始终不会吃任何饵料，直至被饿死。笔者曾尝试多次，前后跨 20 多年，但结果都是—— 一尾小白兔鱼仔鱼也不能活。为什么纯白兔鱼大鱼的后代却可以成活？只能推断这样杂交出来的白兔病仔鱼有先天性基因缺陷。

在从天津购买的红眼白化（非透明鳞）神仙鱼中，遇到的情况常常与上述相仿，即白化神仙鱼自交的子代往往（但不是所有）不开口吃食，而与其他神仙鱼（如虎纹神仙鱼等）杂交的子代却能正常成活。其原因看来也只能归结到遗传缺陷，即此白化鱼有基因（缺失等）病。

（2）遗传素质，主要体现在抗疾病的能力有别。如同样是鸽子七彩

神仙鱼，被称为白鸽子的七彩神仙鱼（体色多以半透明的蓝、淡蓝、橙红、白等杂色为主），有着极优良的抗病力。前些年，笔者同时让多对白鸽子七彩神仙鱼、鸽子红七彩神仙鱼与万宝七彩神仙鱼分缸产卵，结果鸽子红七彩神仙鱼与万宝七彩神仙鱼仔鱼在一段时间里一再夭折，多半死时没有任何的外表不正常，而唯独白鸽子七彩神仙鱼仔鱼却全不夭折。也许有人认为主要是大鱼带菌，传染到仔鱼。这就对了，因为那些亲鱼小时是一缸长大的，但白鸽子七彩神仙鱼亲鱼不带菌，而其他七彩神仙鱼亲鱼带菌，这只能说明白鸽子七彩神仙鱼的遗传素质好，对于后天的病菌有很强的抵抗力（且大小雌雄鱼都一样），以至于其仔鱼不染病。

那么，其他七彩神仙鱼染的是什么病呢？看来不止两种。据资料和行家们讨论，其中一种情况很可能是结核菌，至少是一种与结核菌极类似的杆菌。仔鱼如果较迟感染此病，也会大量死亡，但越大感染后死亡率越低，其中有很多"大难不死"后却得了鱼瘦病，有的眼球突出，最终也死去。看来，这种鱼瘦病的原因似乎与结核菌有直接的关系。从那些带结核菌的鱼缸中发现有一尾雌鱼，无论与哪一尾雄鱼配对，产的卵基本上都可孵化，但仔鱼到3~4天后感觉明显的弯曲变形，未能上浮游动而死，极不正常，这症状可能与结核菌作祟有关。另一种情况是仔鱼感染六鞭毛虫或指环虫，体表无异常症状，但死亡率极高。

红满月珍珠鸽子七彩神仙鱼

疏纹白鸽子七彩神仙鱼

对于前者，带菌的七彩神仙鱼成鱼，可内服强力霉素，药饵为 500 克"汉堡"配 0.5~1 克；并用链霉素注射液浸洗，用量为 10 万单位 / 升，20 分钟后稀释到 1 万单位 / 升（有的鱼只能用 1 万单位 / 升洗浴）。经过这样 1 周用药 1 次，仔鱼成活率明显提高，有的可达到百分百。对于后者，常用 2~2.5 毫克 / 升甲硝唑缸内治疗，隔天对水 1/3，再投等量药两次。

此外，还有部分黑神仙鱼卵孵化率和仔鱼成活率较低等问题，可能兼有上述两种原因。

 ## 用高浓度药物处理鱼卵

用药只要能杀死病原菌就行，何必提高浓度造成浪费呢？况且鱼哪受得了高浓度药物？是的，超量用药对鱼非常危险，如用 0.2 毫克 / 升孔雀石绿浸洗普通热带鱼，几个小时下来不少种类鱼呆若木鸡，不吃食。

用高浓度药物处理鱼卵还是可行的，并且也有必要。可行，是因为鱼的卵膜较厚，药物一时不会对鱼卵造成明显影响。必要，一是因为可以节省操作时间，二是因为有些丽鱼的卵不能取出太久再放回原缸，否则会使亲鱼不护卵或干脆把卵吃个干净。七彩神仙鱼仔鱼一起游就要亲鱼"哺乳"。七彩神仙鱼的卵似乎很容易受到各种小虫的侵害，最常见的仍然是箭水蚤和白蛆，多时有许多卵被蛆孵不出来。白蛆爬过处都牵了一条细丝，仔鱼被白蛆丝束缚住而挣脱不出卵膜，有的超时才挣脱出来，造成弯体、鱼鳍中部有空洞等。

为了在数分钟内杀死白蛆和附着于产卵器物上的箭水蚤（箭水蚤常会跟着提出水面的物体而附在其上移动），可以用 500 毫克 / 升福尔马林或 3 毫克 / 升晶体敌百虫。此外，偶尔也用 7~15 毫克 / 升硫酸铜来处理原生虫等。但感觉福尔马林比较好用。又如用 6~10 毫克 / 升孔雀石绿杀卵表水霉，约需 10 分钟。

刚产下不久的鱼卵对高浓度药物有 1 天或 1 天以上的承受力。如产下 0.5 小时后把七彩神仙鱼的卵浸在 670 毫克 / 升福尔马林溶液中近 1 天，再取出放回亲鱼缸，孵化正常。当然，待到仔鱼快孵化出来，卵膜已裂时就无法承受超剂量药物了。一般丽鱼的卵前两天可按上述用量来处理，而第三天之后要注意了，孵化前 1~2 天只适宜用正常剂量来处理。

 常用药的使用禁忌

这一类事常被人忽略，但经常因忽视而致使用药无效，甚至产生不良后果。所以首先要避免盲目用药，然后再讲究巧治鱼病。

（1）硫酸铜因能消灭鱼鲺，抑制与杀除纤毛虫、吸管虫、鞭毛虫等病原虫，控制藻类等，对水蚯蚓的影响相对较小，所以常用来澄清浑浊的水和进行暂不换水的清缸。但硫酸铜对原虫之一的小瓜虫却无能为力，并且还会促进其繁殖。硫酸铜在含碳酸盐或碱性水中将失去部分直至全部效用（复分解反应）。

应注意的是，硫酸铜用药量伸缩性大，恰到好处的用量随水温升和降、有机物含量的少和多、水硬度的低和高、水酸碱度的低和高，一般可在 0.5~1 毫克 / 升范围内变化，甚至可超过 1 毫克 / 升（但不能低于 0.5 毫克 / 升）。但如用量超过常量 0.7 毫克 / 升时要连续观察，以防万一。

（2）漂白粉经常用来杀灭与抑制各种病菌病毒与真菌，药害相对较小，故很受欢迎。但也有一些应注意的问题。漂白粉的药用主要成分是次氯酸钙，在光照条件下能很快分解，所以不论是未用的漂白粉还是用时均要尽量避光线，尤其是强光；也正是这原因，施药宜在暗处或傍晚。

水中含有机物多，或者含氨、亚硝酸盐较多时，用量可能要增加到 1.5 毫克 / 升才能达到灭菌的目的。用漂白粉时还要注意避开还原剂药物。

漂白粉还要避热保藏，否则将很快失效。水温高杀菌效果差（溶解的次氯酸少），水温低则效果好。热带鱼用漂白粉水温常为 20~25℃。在用过生石灰等碱性药物后，应等一段时间（碱性退后）才能用漂白粉。感觉缸内器物多（并非指水草），较复杂，长时间的用量不应超过 2 毫克 / 升。

（3）敌百虫要避碱和碱性药物使用。水中 pH 高（碱性水）时，敌百虫分解加快（分解出敌敌畏，毒性增大，应注意）；而在弱酸性水中，维持两天的药效一般不成问题。

（4）米诺霉素与甲砜霉素类药忌与碱性药物合用。

（5）福尔马林应避光保存。保存温度最好在20℃左右。对热带鱼用药时水温宜在20~30℃。

 ## 水草也要暂养

新购回的水草也要像鱼一样地进行"暂养"，原因是水草植株上可能已固着上刷状藻或严重威胁鱼生命安全的病原菌。

寄生在水草茎叶上的灰蓝色的刷状藻，最初是看不出来的，其后一个月之内也许仍不觉得很讨厌，但等长到2~3毫米时为时已晚，无论用什么办法，基本上都无法去除掉（据说有专用进口药，可以试用），除非把水草也扔掉。

传染病最常见的是白点病，尤其是水草缸。温度控制得并不高，水草缸中的鱼长了白点实在难办。用孔雀石绿等于用除草剂，是不行的，加热对低温性水草又有大影响，把鱼捞出来治疗后再放回缸中，则又会染上白点病。唯一的选择是投放磺胺类和某些抗生素药，但也不能根治。所以最好的办法是把草移出，暂养半个月以上，鱼草分而治之，待小瓜虫幼体都已死尽后再移入大缸中栽种，这样就省却了许多麻烦。

此外，水草还会传染卵鞭虫病。传染上这种病一般都要死鱼，而且有的死得很惨。由于卵鞭虫病致死率高，所以传染性也强。把患过该种病的鱼所在缸中的水草，独缸静养1个多星期，然后移到别的鱼缸中，过几天便发现了鱼簇拥成团的染病症状，可见对这种鱼病不能掉以轻心，要隔离1个多月才较安全。

暂养水草的好处还有，可以发现鱼鲺，乘此机会去除；附在水草上的箭水蚤卵，3~5天之内由孵化长到肉眼看得见的小箭水蚤，也可借此机会除去（全换水）。此外，传染性败血病、爱德华菌病等细菌性鱼病，在隔离了一段时间后，也可以大大减轻感染率。

"人无远虑，必有近忧"，水草暂养可谓大智之举也！

巧用药品等治鱼病

（1）红药水（即 0.2% 的汞溴红水溶液）。除可直接涂于伤口防感染外，10~15 毫克 / 升可治水霉病，50 毫克 / 升可治淡水白点病，时间可掌握在 12~24 小时。如果不便称取，可用橡皮滴管，约每升水 1 滴红药水，均隔天 1 次。

（2）硫酸喹宁。6.4~10 毫克 / 升可治淡水白点病，连续两天用药。

（3）食盐。水中有机物含量多，鱼在动水中仍浮头。若没时间立即处理，每升水可溶入 0.75 毫克食盐，可阻止水质继续恶化。1.5% 的食盐对刚产 1 小时至半天的卵处理 15 分钟，同样可防水霉病。而缸中保持 0.05% 食盐可防治鱼染水霉病，0.04% 食盐加 0.04% 碳酸氢钠可收到同样效果。

（4）高锰酸钾。5 毫克 / 升的用量可预防水霉病和卵鞭虫病（能使水略为碱化），对原虫和甲壳纲造成的鱼病也有预防和治疗作用。多数毫米级小虫将受到抑制或死亡（水蚯蚓也会逐渐死去）。10 毫克 / 升浸浴刚果扯旗鱼卵半天，还可减少与预防卵膜薄而破裂。

（5）重铬酸钾。20 毫克 / 升的用量可缓解有机物多时动水缺氧，且能阻止有机物暂时增加。同时可防治水霉病。

（6）卡那霉素。每升用 5 万单位，隔 2~3 天对一半水再施半量药，可防治外伤不愈，烂尾掉鳞（由点状气单胞菌所致），及远距离运输后的一般炎症和特殊炎症（卵鞭虫病等）。

（7）铁苋菜（野麻草）。铁苋菜为中草药，治疗痢病与肠炎有特效。鱼用为每百升水用 500 克鲜草，熬汤于上午加入缸，下午第二遍汤再入缸，连用 2~4 天可去除烂鳃、肠炎与消化不良症。50 克鲜草熬汤加草泥丸少量，用于百升水的缸培养脂鲤科种鱼。

（8）双氧水（过氧化氢）。15 毫克 / 升的用量洗浴 15 分钟，对减轻和治疗各种皮肤病，有较显著效果。当动水缺氧或水中有机物过多时，如一时无暇处理可先滴入双氧水，用量为 30% 双氧水 2~3 滴 / 升，起缓解作用，稍后再着手对水或移鱼等。过氧化氢或其他过氧化物在微量铜或锰化合物存在时，易分解出氧气，增氧效果明显。过氧化氢为很弱的酸，添加时会降低水的酸碱度，还能与氯气作用，去氯又增氧。

（9）次甲基蓝。2毫克/升的用量长期浸泡，可防治白点病、白云病等数种由原生虫引发的鱼病。因次甲基蓝易与有机物作用，故在一定程度上可净水、清鳃、改善供氧与提高鱼的摄氧能力。

（10）过氧化钠。10毫克/升的用量长期浸泡，可防白点病等原虫病，效用与次甲基蓝基本相似。

（11）甲硝唑（灭滴灵）。每千克"汉堡"加2克（研成粉调入），能治阿米巴症、厌氧菌病及防治六鞭毛虫病。

（12）新霉素。30~50毫克/升的用量药浴，每次药浴1~2小时，每日1次，连续2~3天。除可预防水霉感染外，还可以预防弧菌病，以及其他细菌引起的细菌病和鱼结核病（慢性）、鱼瘦病（短杆菌引起，鱼瘦弱，但不一定立即死亡）。

（13）红霉素。0.3毫克/升的用量长期浸浴，除可防治细菌性鱼病外，还可以防治七彩神仙鱼因低温而引发的黑体症。

（14）大蒜。每千克饵料加1~2个（约5克）大蒜瓣制成的药饵，可防治肠炎和某些寄生虫病。

（15）氯化铜。0.7毫克/升的用量可防治多种原虫，并用以杀死椎实螺等螺类（去除吸虫的中寄主）。

（16）氢氧化钠（苛性钠）。氢氧化钠系强碱，10毫克/升的用量可杀灭细菌繁殖体、原虫幼体（包括小瓜虫）及病毒等。不过，这样的浓度将导致中性水碱化（pH为8.602），鱼必定受不了。故更适合于器具与鱼缸体及饰物的消毒杀菌。

（17）甲硝唑协同米诺霉素。甲硝唑2.5~5毫克/升加米诺霉素30~50毫克/升，每次药浴1~2小时，每日1次，连续2~3天。此法可用于七彩神仙鱼幼仔鱼因肠道感染或患白云病而体色变淡、离群独游、不吃食者（死后肠胃未发胀，但有胆汁渗透而显绿色，比例小于20%）的治疗。用药后停喂致病食物，而新鲜饵料或活饵可少量投喂。一般是鱼越小（如1月龄内）死亡率越高，两个月后死亡率在10%以下。

鱼病越来越多怎么办

流行性鱼病似乎每年都有，但每年流行的病及所导致的危害程度，以及何种鱼发病，都不尽相同。虽然有些热带鱼病已趋于减少或消失，如鱼波豆虫病（白云病）、斜管虫病、细菌性败血症（即鱼类暴发性流行病或暴发性出血病等）；但是似乎每年或隔年都会有不同的流行病种，甚至是未知的病种出现，如：2010 年笔者所养的金灯鱼、红绿灯鱼、钻石新灯鱼等灯类鱼浮头后不明原因死亡，2011 年红白剑鱼等翻转着游泳 10~20 天后不明原因死亡，2015 年红尾蓝孔雀沉底 7~20 天后不明原因死亡。由于输入的鱼多，品种杂，防疫已形同虚设。总之，近年鱼病明显增多了。

红绿灯鱼

鱼友们普遍反映，有两类情况较常见：一是不知名的鱼病明显增加。一是正常繁殖受阻，或干脆就不育。如原先极易繁殖的剑尾鱼类和玛丽鱼类却经常不产仔；又如用多年配方的"汉堡"喂七彩神仙鱼，却出现大量不配对或配对产卵不受精等多种不育症。究竟是感染了病菌等还是饵料中所含雌激素等含量超标，未有定论，我们只能从这两方面都加以

红苹果剑尾鱼

注意。

　　一些老鱼友都有共同感觉，即往年几乎不染病的鱼现在也变"娇气"了，常有病死现象。笔者回忆 20 世纪 80~90 年代，也觉得当时无鱼病之虑，孔雀鱼、红剑鱼等剑尾鱼、神仙鱼、马甲鱼几代均无恙。

　　面对日益增多的鱼病，怎么办？

　　笔者认为，可采取如下措施：①对特别满意或非购下不可的新品种鱼，应该另缸暂养，甚至一分再分；渔具等不能与原大缸的共用，杜绝可能的交叉感染。②可购可暂时不购的鱼，暂时别去购买，待观察了解一段时间后再谨慎从事。③建议只购买新品种鱼，而对旧种的"高科技鱼"，尽管其体色非常漂亮也不要购买。④对已发现染上怪病的一只或数只鱼，要立即捞移。疑似原虫病，试用 0.7 毫克 / 升硫酸铜入缸浸浴；疑似细菌病，试用 1 毫克 / 升漂白粉入缸浸浴。无法判断何病的，可试用 40 毫克 / 升福尔马林入缸浸浴。

附表一 常见热带鱼观赏特性

名 称	普及程度	名贵级别	观赏印象	寓意
普通龙鱼	中等	较名贵、中等	大缸养大鱼，有气势，有档次	龙，吉祥，祥和，好运
高级龙鱼	较少、少	名贵、较名贵	好缸养好鱼，有气派，高档次	"风水鱼"，龙，富贵
橘子鱼	较多	中等	较强悍的橙黄色小鱼	吉祥，吉利，宝贝，珍稀
虎皮鱼	多	普通	华丽活泼，"忙碌"不息	小康，勤快，灵活，富有生命力
宝莲灯	中等	较名贵	色彩和谐，艳丽，娇气	高贵，宝贝，怜爱，华丽，珍贵
孔雀鱼	多	较普通、普通	花哨，充满活力，生命力强	健康，勤劳，祥和，漂亮，活泼
琴尾鱼	中等、较少	中等至名贵	个性鲜明，稀少，花纹美，不好动	高雅，珍稀，独有，文静，高级
玻璃猫头鱼	较多	中等	素雅文静，晶莹剔透，有集群性	清高，无邪，纯洁，坦率，团结
三间鼠鱼	中等	中等	王者"服饰"，"镇定自若"	华丽，富贵，繁华，从容
珍珠马甲鱼	多	普通	动静皆美，体形流畅端庄	沉香之美，秀外慧中，健美，有力量
神仙鱼	多	较普通、普通	老成稳重，悠然飘逸	智者，清闲，快活，斯文，夫妻勤劳持家
非洲丽鱼	较多	较名贵	健美、活泼，似海水珊瑚鱼	健康，美，活泼，有装饰性
地图鱼	较多	较普通、普通	强壮有力，坚定自若	智者，富足，有福禄，沉稳
皇冠六间鱼	中等、较少	较名贵	黑白分明，头部隆起	寿星，强壮，长者，是非分明

名　称	普及程度	名贵级别	观赏印象	寓意
埃及神仙鱼	少	名贵	体色朴素，风度翩翩	极高档次，稀有，珍贵，文明，有素养
黄鳍鲳鱼	中等	中等	仿佛闪烁着金银光	活泼，小康，财神爷，财富
接吻鱼	多、较多	较普通	健康朴实，相处和睦	灵活，团结，情侣，幸福，健壮
红绿灯鱼	多	普通	玲珑可人，华而不俗	漂亮，祥和，少男少女，小康
小丑鱼（双锯鱼）	多、较多	普通	醒目的"服饰"，优雅的舞姿	友好，互助，美，有序，夫妻和睦
倒吊鱼（刺尾鱼）	多、较多、中等	中等、普通	体纹如脸谱，体形圆满	娇健，素食，武士，绅士
蝴蝶鱼	多、较多、中等	中等、普通	色彩如蝶，泳姿优美，中小鱼活泼	忙碌，活泼，健美，漂亮，美好
小神仙鱼（小刺盖鱼）	多、较多	较普通、普通	体色纹彩如蝴蝶，好动，具"领地性"	得体，有教养，自得其乐
大神仙鱼（大刺盖鱼）	较多、中等	中等、较普通	色彩斑斓，悠然自得，具攻击性	从容，沉着，干练，似神仙
狮子鱼（蓑鲉鱼）	较多	较普通	胸鳍特化如彩翅，游动慢，口大	奇特，稳重，稀有，有城府
鹦哥鱼（鹦嘴鱼）	多、较多	普通	体色如鹦鹉，翠鸟，俏丽	和平，干净，无污染，聪明
天竺鲷鱼（小型鲈科鱼类）	多、较多	较普通	具工艺品的造型与色彩，文静	珍品，天工之物，古玩，古董
花鮨鱼（... ）	多、较多	较普通、普通	体色如玉石，玛瑙，颜色温和如鸽子	淑女，善良，友爱，花季，春意
鹰鮨鱼、龙鱼（隆头鱼类）	多、较多	较普通、普通	具醒目的(警戒)颜色，五彩缤纷，好斗，部分昼伏夜出	标记，艳丽，有个性，健美，武士

注：普及程度分为多、较多、中等、较少、普通，名贵级别分名贵、中等、普通。

附表二 常见热带鱼饲养特点

名称	普及程度	名贵级别	饲养难度	最主要饲养特点
孔雀鱼	多	较普通、普通	容易	对饵料不挑剔，耐水质变化。仔鱼不一定要喂水蚤等小活饵，善隐蔽，能自行繁殖
剑尾鱼	多	普通	容易	对饵料不挑剔，耐水质变化，但不耐缺氧和高温。仔鱼可直接喂水蚯蚓。易繁殖
月光鱼	多	普通	容易	对饵料不挑剔，同剑尾鱼一样耐低温，但易受某些病原虫和细菌感染。水环境应较清洁。易繁殖，但仔鱼隐蔽性较差，要关照1周左右
黑玛丽鱼	多	普通	容易	对饵料不挑剔，较长时间不投喂没关系，因可转为主食缸中"青苔"等，故应养于水草缸或绿水缸，且水质为硬水。易繁殖，但量不很多
金玛丽鱼、珍珠玛丽鱼	较多	较普通	较容易	素食程度略逊于黑玛丽鱼。其他习性等与黑玛丽鱼酷似，善跳
红气球月光鱼	较多	较普通	较容易	食性慢，喜小活饵、"青苔"碎屑等，充气宜小，过滤不宜太猛。缸中要有植物。可自行繁殖
"紫壶"等球玛丽鱼	较多	较普通	较容易	习性等同珍珠玛丽鱼，但对鱼病抵抗力较弱些，游速稍慢
黄金鳍鱼、潜水艇鱼等	多、较多	较普通	较容易、容易	缸中上部要设置虫杯，因此类鱼总喜在水面附近觅食，嗜食昆虫。黄金鳍鱼嗜食小鱼，善跳，宜加盖网。卵产于近水面水草等物上

続表

名　称	普及程度	名贵级别	饲养难度	最主要饲养特点
彩虹鱼类（美人鱼类）	多、较多	较普通	较容易、容易	缸中要有浮性水草，但不宜盖太密（防游速快、受阻）。饵料以血虫、水蚯蚓为主。"运动量"大。水应清洁，偏碱，谨防酸化
虎皮鱼	多	普通	较容易	慎防水质、水温突变，24～27℃为其最适水温。不耐有机（氮）污染。游动快，好咬神仙鱼尾、腹鳍端，不宜与其同缸，善跳
蓝三角鱼	多	普通	较容易	弱酸性，较软水饲养效果好，颜色也艳。宜养于有些大叶水草的水草缸。有集群性，较好动
红玫瑰鱼	多	普通	容易	食性慢，要关照。游动慢，喜食小活饵，但嗜吞卵粒，可混养
蓝斑马鱼等斑马鱼	多、较多	普通、较普通	容易	水质差，不洁时易患烂鳍利皮肤病。善跳，耐高温及低温是其最明显特性。易养，易繁殖
金丝鱼	多	普通	容易	能耐10℃以下低温，对饵料不挑剔。在水草缸或绿水缸中饲养时鱼大而壮，色深艳。缸觉敏时能自行繁殖，不吃仔鱼
玫瑰鲫鱼	多	普通	容易	较耐低温，耐粗放，不挑食，较耐水质变化。在有浮性草的缸中可自行繁殖，不吃仔鱼
宝莲灯鱼	中等、较多	较名贵、中等	较难、中等	水质差（氨、亚硝酸盐含量高），鱼病等因素常导致鱼病亡。水草缸中事故少。应慎防感染，繁殖难
黑灯鱼、头尾灯鱼、红光管灯鱼等灯类鱼	多	普通	容易	较耐水质、水温等变化，不挑食，但善食小活饵。氧气不足易感染疾病。老水养好，易繁殖

名　称	普及程度	名贵级别	饲养难度	最主要饲养特点
银屏灯鱼	多	普通	较容易	耐水质变化，耐粗放，也较耐低温。幼小鱼食欲旺盛，成长极快，为最容易繁殖的鱼之一
黑裙鱼	多	普通	极容易	不择食，抢饵较凶。雌鱼大雄鱼小，多产。耐粗放，较耐低温。幼小鱼"裙""黑"可爱，繁殖容易
红裙鱼	多	普通	容易	对饵料不挑剔，喜食小活饵。雌鱼大雄鱼小，较耐粗放。为最好的混养品种之一，较易繁殖
玫瑰扯旗鱼	多	普通	容易	小活物杂食鱼，虽种内争斗凶，但还算可混养的鱼。省饵。仔幼鱼成长慢，需投喂细饵时间长
柠檬翅鱼（柠檬灯鱼）	多	普通	较容易、容易	典型的弱酸性软水脂鲤科鱼，为小活物杂食鱼，易养。但繁殖条件要求较高（软水）
红鼻鱼（红鼻剪刀鱼）	较多	中等、较普通	较容易	对水质变化敏感，pH太高（中性以上）红色退淡。裸缸饲养事故较多，宜养于水草缸或绿水缸。繁殖要求条件高，喜集群
网球鱼、黑线铅笔鱼	较多	较普通	较容易	素食性杂食鱼，宜养于水草缸，可食用"青苔"等。卵粒较大，量相对少
拐棍鱼	多、较多	较普通	较容易、容易	脂鲤科少数喜中性、弱碱性鱼，不耐有机（氮）污染，喜较高水温（稍高于25℃）。仔鱼成长迅速，较易繁殖
刚果扯旗鱼	较多	中等、较普通	较容易	不耐有机（氮）污染，宜养于水草缸，要求中性水。活泼好游，种内亦常争斗。养卵粒较大，色艳，卵壳薄，繁殖难

名　称	普及程度	名贵级别	饲养难度	最主要饲养特点
玻璃扯旗鱼、红尾玻璃鱼	多	普通	容易	游速快，非常机敏灵活，喜食水蚤等小活食。较耐粗放。玻璃扯旗鱼较耐水质变化，繁殖容易
玻璃拉拉鱼、玻璃天使鱼	较多	较普通	中等（仔鱼）、较容易	半咸淡水域鱼，养于水草缸中效果好。养于弱碱性水中生长较佳，慎防水酸化和有机（氮）污染。仔鱼极小，无灰水或草履虫时难养
红十字鱼、金十字鱼	多	普通	容易	耐水质变化，耐粗放，较凶，尤其雌鱼可与较大鱼共养，游速快而猛。可繁殖，仔鱼成长迅速
丽丽鱼	多	普通	容易	对水质没有什么要求，一般中性水均能适应。水若不卫生（菌量多）则易患皮肤病。胆小，易繁殖，仔鱼小，但仔鱼易减长
珍珠马甲鱼	多	普通	容易	耐低温、低氧，有机（氮）污染，不择食（可素食）。温和，不欺小鱼，可混养。繁殖易，养仔鱼难
三星类鱼、曼龙类鱼	多	普通	容易	所有热带鱼中最耐粗放，有机（氮）污染、高温、低温、缺氧，为著名的"五耐鱼"之一。不择食，颇温和，易繁殖。但仔鱼也需细活饵
接吻鱼	多	普通	容易	荤、素饵均能接纳，活泼健壮，可与其他鱼混养。对有机（氮）污染颇能忍耐，好养。"接吻"为其特色。卵量大，但喜吃卵粒
皮球接吻鱼	多	普通	较容易	习性等均同接吻鱼，亦能"接吻"，唯游速慢些。较耐水质变化，抗病力弱些，并且水质差易引发皮肤病等。繁殖不难
泰国斗鱼	多	普通	容易	只以活饵为食，其他不感兴趣。较耐水质变化、污染、缺氧、高温，易繁殖，仔鱼仅需水蚤即可

名　称	普及程度	名贵级别	饲养难度	最主要饲养特点
叉尾斗鱼、圆尾斗鱼	多	普通	容易	与三星鱼、曼龙鱼一样为"迷鳃鱼"，并且更耐缺氧与低温(1~2℃)。但很凶，常啄下其他鱼眼球。易繁殖，仔鱼饲养方法类似斗鱼
普通神仙鱼类	多	普通	容易	不是非常缺饵，均以活饵为食。种内常争斗，除觅觅饵外不好动，常久停一处。能配对带仔鱼，仔鱼需水蚤为饵
红宝石鱼	多	普通	容易	好斗。较耐粗放，相对好养，少杂病，较凶，不可与小型鱼同缸饲养。配对后易繁殖成功
蓝宝石鱼	多	普通	容易	种内好斗。较耐粗放，但比红宝石鱼凶，有散吞小鱼的恶习，只能与配对的橘子鱼共缸。易繁殖
橘子鱼	较多	较普通	中等	在弱碱性水中生长良好，在水草缸中也能正常生长发育繁殖。较凶悍，配对的橘子鱼能赶走比自身重10倍以上的其他鱼
七彩凤凰鱼	较多	较普通	较容易	草食性杂食鱼，不耐有机(氮)污染。在弱酸性水中五颜六色，更漂亮。较凶悍，配对后常改击走比自身数倍的其他的鱼，可繁殖
白波萝鱼	较多	较普通	容易	在较大(长近20厘米)鱼中还算温和，但配对颇难。典型的杂食性鱼，可长期素食。较耐粗放，繁殖较易
火口鱼、九间凤凰鱼	较普及	普通	容易	耐粗放，较耐水质变化。凶猛好斗，雄鱼常把雌鱼咬致死，配对的鱼产卵后雌鱼护卵，雄鱼警戒，可繁殖
七彩神仙鱼	较少、中等	较名贵、名贵	较容易、中等、较难	以荤食为主的杂食性鱼，嗜食摇蚊幼虫，温和，可混养，但种内争斗也很激烈。大多数七彩神仙鱼不难饲养，仔鱼繁殖较特别，繁殖较特别，仔鱼染病，难养

名　称	普及程度	名贵级别	饲养难度	最主要饲养特点
红肚凤凰鱼	较多	较普通	中等、较容易	以荤食为主的杂食性鱼。不耐有机（氮）污染，在水草缸中事故较少。繁殖时常找隐蔽之处所，相对也容易
七彩蓝王鱼	较多	较普通	较容易	较七彩凤凰鱼好养些。以荤食为主的杂食性鱼，但较凶悍，不耐有机（氮）污染。在水草缸中能配对掘坑产卵，护卵、仔鱼
地图鱼（猪仔鱼）	较多	较普通	较容易、容易	捕食性鱼，体粗口大，不可与小型鱼共养。较耐粗放，看似笨，但捕昆虫，小鱼很拿手。卵粒大。可置大盘产卵。仔鱼较耐粗放
火鹤鱼（魔鬼鱼）	较多	较普通、普通	容易	荤食兼捕食性鱼，较耐粗放，但不耐有机（氮）污染。种内同性别鱼争斗激烈，直至分出等级名次。雄鱼头隆起。大缸中繁殖容易
珍珠关刀鱼，红头珍珠关刀鱼	中等	较普通	较容易	荤食兼捕食性鱼，凶悍好斗。较耐粗放。雄鱼占"山"为"王"，引雌鱼来产卵。雌鱼将受精卵含在口中，约10天后游出仔鱼
紫红火口鱼	中等	中等	较容易	荤食兼捕食性鱼，较凶悍，体高身粗。配对的紫红火口鱼基本无敌手，卵产于较硬，较清洁的水中，护卵护仔鱼认真
美鲶鱼（老鼠鱼）	中等、较多、多	中等、较普通、普通	较容易、容易	多能耐低温，为典型杂食性鱼，有"小清道夫"之称。卵粒较大，产于光滑的玻璃或水草等物上。小型者多产在水面水草丛中
反游猫等岐须鲇	中等	中等	较容易	荤素饲料均不拒，温和，好动，善仰泳。把卵存放慈鲷卵中
银鲳鱼（银元鱼）	中等	中等、较普通	较容易	荤素饲料均不拒（觅饵），温和，但"忙个不停"。大缸可繁殖

名称	普及程度	名贵级别	饲养难度	最主要饲养特点
胸斧鱼（燕子鱼）等	中等	较名贵、中等	中等	水表层鱼，亦为弱酸性软水鱼。游速快，为逃避食性鱼的追捕，练就飞出水面的本领。繁殖不易
红尾鲶鱼（狗仔鲸）	较少	中等、较普通	容易	头大嘴大食量大，成长极快，为纯荤食兼捕食性鱼。胡须触觉及时，大口一张，死鱼活鱼均吸入口中。夜晚常"翻江倒海"
海象鱼（巨骨舌鱼）	少	中等	容易	耐粗放，耐水质变化。食量奇大，成长特快，两年可长到1米左右，4米长仍不算大，大多只能养幼小鱼
金龙鱼、红龙鱼	少、较少	较名贵、名贵	中等	纯捕食性鱼，吞食凶猛，但龙鱼间常争斗，因而宜单养。须大缸养，野外大鱼近1米。繁殖难
银龙鱼	较少	较名贵	较容易	荤食捕食性鱼，食性凶猛，常争斗，但亚成鱼前勉强可暂养一缸。成鱼常长到90厘米以上。大水体中可繁殖
马夫鱼（白关刀鱼）	多	较普通、普通	容易	食性广，荤素皆食。能吃普纳，活泼好动，宜供给足量素食
镊口鱼（大黄火箭蝶鱼）	多	普通	较容易	嘴尖，食性还算广，但食性慢，应照顾。在正常环境中可饲养较久，但若水质有有机污染等问题，易得病
丝蝴蝶鱼（人字蝶鱼）	多	普通	较容易	食性颇广，不甚娇气，在蝶鱼中相对好养；但也有食性改变慢，对食物挑剔者，此类寿命短
三线蝴蝶鱼（冬瓜蝶鱼）	较多、中等	普通	较难	在海水缸中总是挑肥拣瘦，因嗜食珊瑚而吃不了很多食物，因而身体渐瘦弱，应设法让其正常进食

名　称	普及程度	名贵级别	饲养难度	最主要饲养特点
镜蝴蝶鱼（黄镜蝴蝶鱼）	多、较多	普通	中等	主食珊瑚纲动物，不易改变食性。胆小、个头小，在蝶鱼中算是不大好养的，但也有个别中小鱼可养得长久
密点蝴蝶鱼（胡麻蝴蝶鱼）	多	普通	中等、较容易	以珊瑚纲动物为主食，但食性可以设法改变，如诱以淡水鱼食用的活饵，或可接受
斑带蝴蝶鱼（虎皮蝶鱼）	多	普通	容易	珊瑚群落典型杂食性鱼，食性颇广，能主动摄食海水鱼缸中常提供的多种食物。相对于其他蝴蝶鱼，饲养时间较长久
橙带蝴蝶鱼（黄斜纹蝶鱼）	中等、较多	中等、较普通	较难	主食珊瑚纲动物，食性颇不易改，可诱以鱼虾，只肉与淡水鱼食用之活饵。少数可养长久
八带蝴蝶鱼（八线蝶鱼）	多、较多	普通	较难、中等	主食珊瑚纲幼体动物等，吃食慢，食谱窄，体小而弱，衰弱较快
美蝴蝶鱼（黑尾蝶鱼）	多	普通	容易	杂食程度较高的一种珊瑚群落杂食性鱼，食欲也较好。鱼体健壮，基本上不挑食。易养
双棘甲尻鱼（皇帝神仙鱼）	中等、较少	名贵、较名贵	中等、较容易	较典型的珊瑚群落杂食性鱼，故只要能保持海水缸的水质等稳定，可望养得长久（12~18个月）。不耐有机（氮）污染
主刺盖鱼（皇后神仙鱼）	中等、较少	较名贵	较容易	大型刺盖鱼食性颇杂，地域性强。在刺盖鱼中仍属相对好养的品种，但同样不耐有机（氮）污染，配对产卵，难成功
荷包鱼（金蝴蝶鱼）	中等、较少	较名贵	容易	健壮而食欲好，仿佛总在觅食，食性颇杂，故相对好养

名　称	普及程度	名贵级别	饲养难度	最主要饲养特点
半环刺盖鱼（蓝纹神仙鱼）	多	普通	容易	珊瑚群落中典型的杂食性鱼，觅饵勤，食性杂，故相对易养
肩环刺盖鱼（蓝圈神仙）	较多	普通、较普通	容易	珊瑚群落中典型的杂食性鱼，强健有力，个大（长达25厘米），食欲强，食谱广
半带月蝶鱼（虎皮新娘）	中等	较名贵、中等	较容易	较典型的珊瑚群落杂食性鱼，相对好养。因幼鱼饲养困难，数量不多
白条双锯鱼（红小丑鱼）	多	较普通	较容易	较小双锯鱼，但体较强健。同海葵共生。食性杂，易养，可繁殖
二带双锯鱼（黑双带小丑鱼）	多	较普通	较容易	较小双锯鱼，颇耐粗放。但胆小，配对后较凶。可繁殖
宅泥鱼（三间雀鱼）	多	普通	容易	杂食性鱼，耐粗放，也颇耐水质变化。很好养的热带鱼品种之一，偶可繁殖
三斑宅泥鱼（三点白鱼）	多	普通	容易	杂食程度高，易养，耐水质变化。非常好养的热带鱼品种之一，偶可繁殖
七纹豆娘鱼（斑马雀鱼）	多、较多	普通	容易	食性杂，耐粗放，可在海水缸中饲养很久
五线笛鲷鱼	中等	普通	容易	兼捕食性鱼，具夜行性。不可与小规格的热带鱼共缸饲养

名　称	普及程度	名贵级别	饲养难度	最主要饲养特点
狐篮子鱼	多、较多	普通	较容易	素食为主的杂食性鱼。在海水缸中有的不见吃食，其原因多是染上了某种"内科"病。应提供足量素食饵料
高鳍刺尾鱼（大帆倒吊鱼）	多	较普通、普通	容易	以素食为主的杂食性鱼。多数在海水缸中活动广，摄食正常、领域性强（以缸为家），产浮性卵，繁殖难难成功
彩带刺尾鱼（彩色倒吊鱼）	中等	中等	较难	虽为杂食性鱼，但在海水缸中多只有一段时间摄食正常。抗病力差，游速飞快，海水缸空间不够
黄尾副刺尾鱼（蓝倒吊鱼）	较多	较普通	较容易	以素食为主的杂食性鱼，在海水缸中荤食均不拒，摄食相对较慢，应照顾。抗病力精迹
额纹双板盾尾鱼（口红吊鱼）	较多	中等	较容易	以素食为主的杂食性鱼。领域性强，一缸最好只养一尾亚成鱼或大鱼。不耐有机（氮）污染。活动范围广，游速快
镰鱼（海神仙鱼）	中等、较多	名贵、较名贵	难、较难	以海藻为主食的杂食性鱼。一缸养两三尾争斗不休，但多养几尾却反而好些。抗病力大弱，只有部分可养得长久
豹鲂鮄鱼（飞机鱼）	少	名贵	难、较难	珊瑚礁下层捕食（适口小动物）性鱼，胸鳍如机翼。对运动着的目标才感兴趣。食性改之不易，故不如蓑鲉鱼长寿
黑边角鳞鲀鱼（玻璃炮弹鱼）	中等	较名贵、中等	较容易	珊瑚礁区兼捕食性杂食鱼，白天活动少，晨昏活跃。因食性广，故相对易养。但不耐水质变化
蓑鲉鱼（狮子鱼）	多	普通	容易	捕食性鱼。在海水缸中可训练成"捕食"下沉鱼片、鱼块本领，食方面表现极佳，最易养

名　称	普及程度	名贵级别	饲养难度	最主要饲养特点
天竺鲷科鱼	多、较多	普通、较普通	容易、较容易	珊瑚群落一类动物性杂食鱼，因食性都较广，故都较好饲候
驼背鲈鱼（老鼠斑鱼）	较多	较普通	容易	热带礁区准捕食性鱼，在海水缸中易于接受鱼片、鱼块，并能自行觅食，因此可以饲养
裂唇鱼类（医生鱼）	多	较名贵、普通	较容易、中等	珊瑚礁区固定地点为其他鱼清除牙中杂物、体外寄生虫等。食性杂，易养，但缸中缺少大鱼对其不利
蓝雀鲷鱼、蓝魔鬼鱼等小雀鲷鱼	多	普通	容易	在热带海域比较常见，以小活食为主的杂食性鱼。常追猎海流浮游生物。领域性也强，相对易养，有的可繁殖
新月等锦鱼（蓝龙等）	较多	较普通	较容易	非常活跃的好争斗的长形隆头鱼之一类。食性广，容易适应环境，一般夜出昼伏。摄食正常者可养长久
杂色尖嘴鱼	较多	较普通	容易	食性广的杂食性小型隆头鱼，嘴尖是其特征。在海水缸中成长较明显
中华单角鲀鱼（毛毛鱼）	较多	普通	容易	以海藻等为主食的典型杂食性鱼。性情温和，可与其他鱼共养。日常提供鱼肉和足量青菜即可，易养
角箱鲀鱼（牛角鱼）	较多	中等	容易	食性广而慢食的一种鲀鱼，头上"两角"是其特征，并较有名气
斑胡椒鲷鱼（燕子花旦鱼）	较多	较名贵、中等	较容易	以无脊椎小动物为主食的杂食性鱼，但对海水缸中的环境多能适应，能很好接受鲜饵等，可养好一段时间

注：普及程度分多、较多、中等、较少、少，名贵等级分名贵、较名贵、普通、较普通，饲养难度分容易、较容易、中等、较难、难